一覧

試料	測定環境	測定のために操作する因子		
導電性固体	真空中	電子線	二次…	
固体，液体，生体	低真空中	電子線	二次…	
固体	真空中	電子線	透過…	
導電性固体	真空中	イオン	二次電…	
固体	大気中	探針	プローブ変位	非破壊
導電性固体	真空中	探針	トンネル電流	非破壊
固体，液体，生体	大気中，液中	可視光	光（画像）	非破壊
透明体，液体，生体	大気中，液中	可視光	光（画像）	非破壊
透明体，液体，生体	大気中，液中	可視光	光（画像）	非破壊
透明体，液体，生体	大気中，液中	可視光	光（画像）	非破壊
固体	大気中	レーザ光	レーザ光	非破壊
固体	大気中	探針	プローブ変位	非破壊
固体	大気中	可視光	光（干渉縞）	非破壊
固体	大気中	可視光	光（干渉縞）	非破壊
固体，分体，液体	大気中，雰囲気中	温度	重量，温度差	破壊
固体	大気中，雰囲気中	温度	変形	非破壊
	大気中	—	磁場	非破壊
固体，生体	大気中	—	磁場	非破壊
プラスチック類	大気中，液中	—	変形	破壊
透明固体	大気中	光	偏光	非破壊
薄膜	大気中	光	偏光	非破壊
薄膜	大気中	X線，中性子	X線，中性子	非破壊
固体	真空中	イオン	イオン	破壊
液体	大気中	プラズマ	光（スペクトル）	破壊
固体，粉体	雰囲気中	燃焼	ガスの熱伝導率	破壊
固体，粉体，液体	大気中	X線	X線	非破壊
導電性固体	真空中	電子線	X線	非破壊
導電性固体	真空中	電子線	オージェ電子	非破壊
薄膜	大気中	イオン	光（スペクトル）	破壊
ガス化できる試料	真空中	磁場	イオン	破壊
ガス，ガス化できる試料	セル内	—	ガスの熱伝導率，イオン	破壊
固体，液体，気体	大気中	赤外線	赤外線	非破壊
固体	大気中	X線	X線	非破壊
固体	大気中	X線	X線	非破壊
固体，液体，気体	セル内	磁場	磁場	非破壊
固体	大気中	レーザ	光（スペクトル）	非破壊
導電性固体	真空中	電子線	後方散乱電子	非破壊
導電性固体	真空中	X線	光電子	非破壊
固体	大気中	超音波	超音波	非破壊

 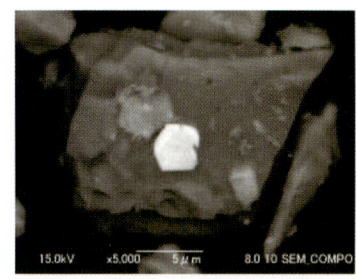

（a）二次電子像　　　　　　　　（b）反射電子像

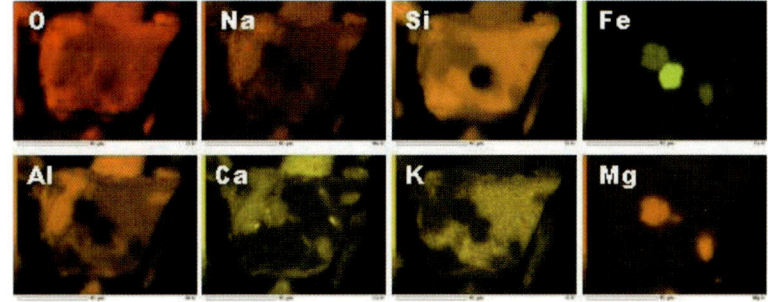

（c）面分析（元素分布）

口絵1　火山灰粒子の二次電子像，反射電子像および面分析(元素分布)例（図1.10）

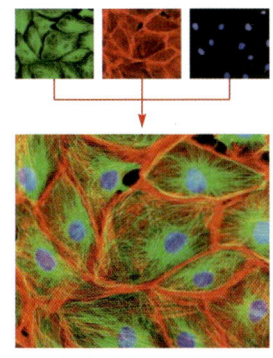 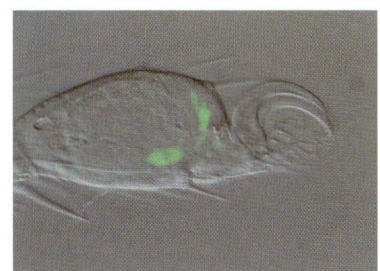

（a）多色同時観察　　　　　（b）微分干渉との同時観察

口絵2　同時観察例（図8.4）
（提供：オリンパス㈱）

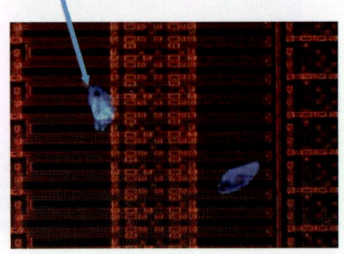

レジストの残りかす

口絵3　半導体デバイスの蛍光観察例（図8.5）

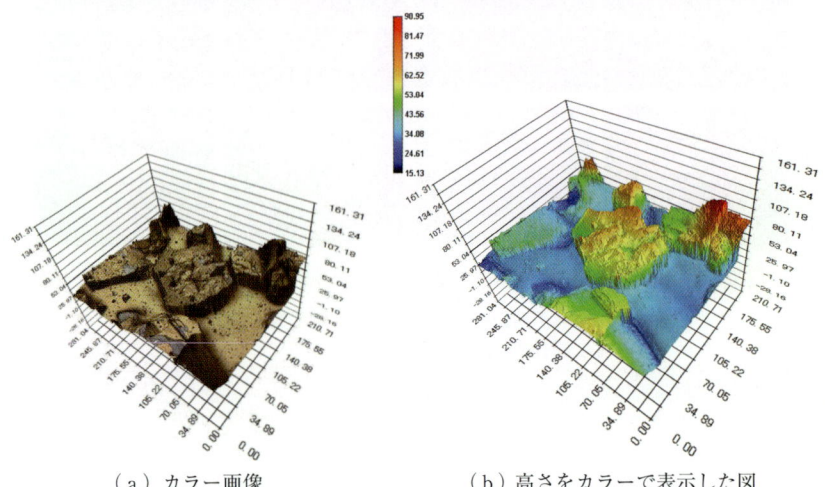

（a）カラー画像　　　（b）高さをカラーで表示した図

口絵4　表面凹凸の三次元表示例（図11.5）

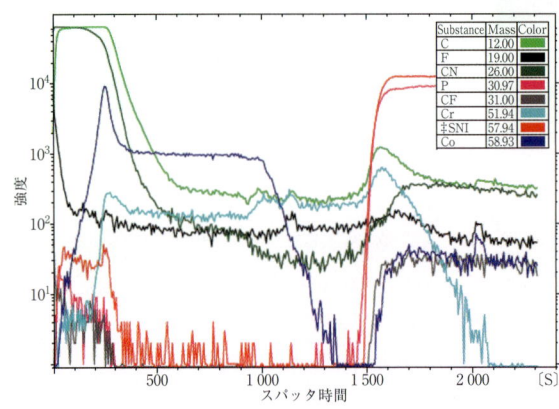

口絵5　ハードディスクのデプスプロファイル（図23.5）
（提供：㈱日立ハイテクソリューションズ）

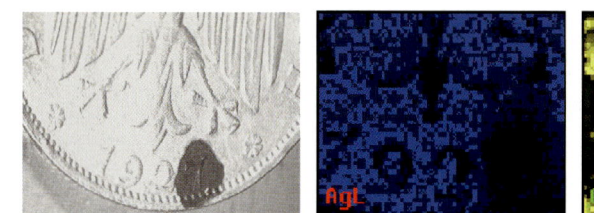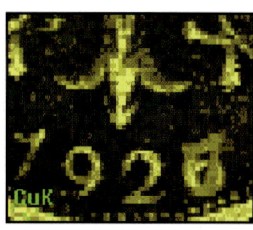

口絵 6　EDX による測定例（レアコインの偽造部分の分析）（図 26.7）

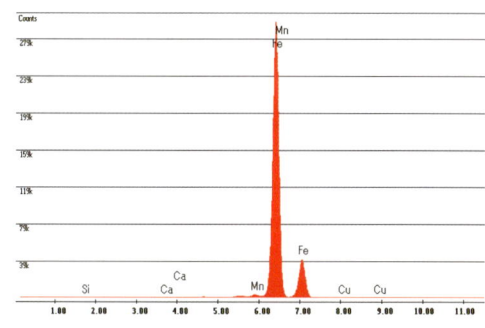

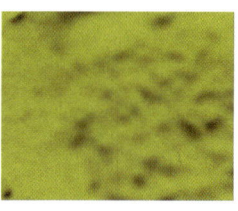

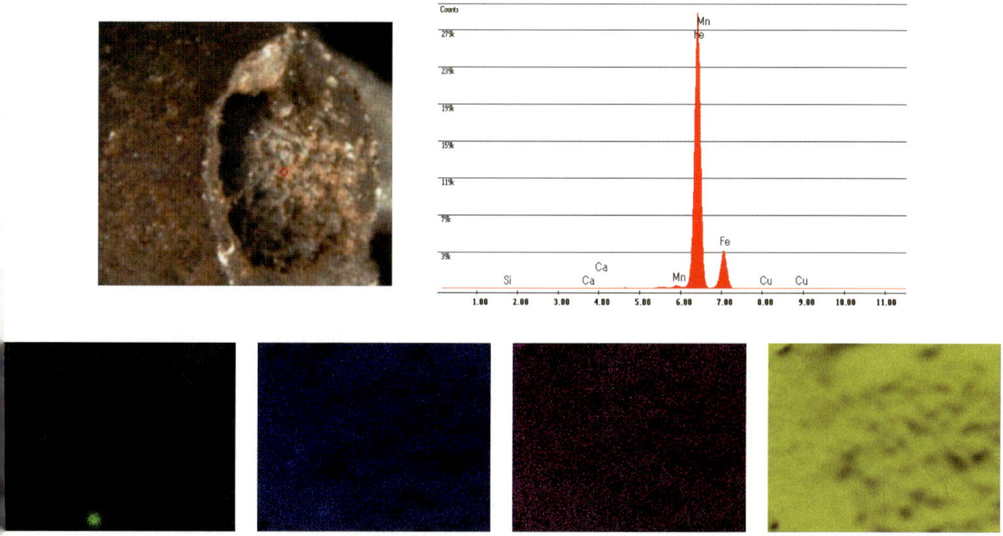

　　CaK　　　　　　　　MnK　　　　　　　　FeK　　　　　　　　CuK

口絵 7　EDX による銅サンプルの測定例（図 26.8）
　　　　（提供：AMETEK EDAX 社）

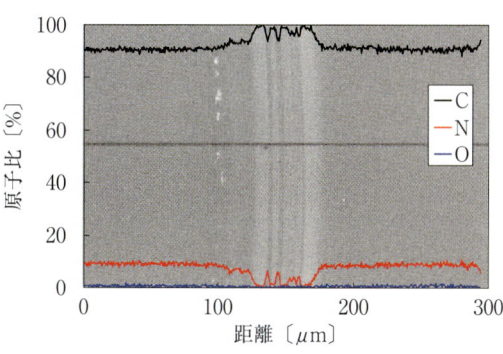

口絵 8　炭素系硬質薄膜の一種の窒化炭素膜面分析例（図 28.5）

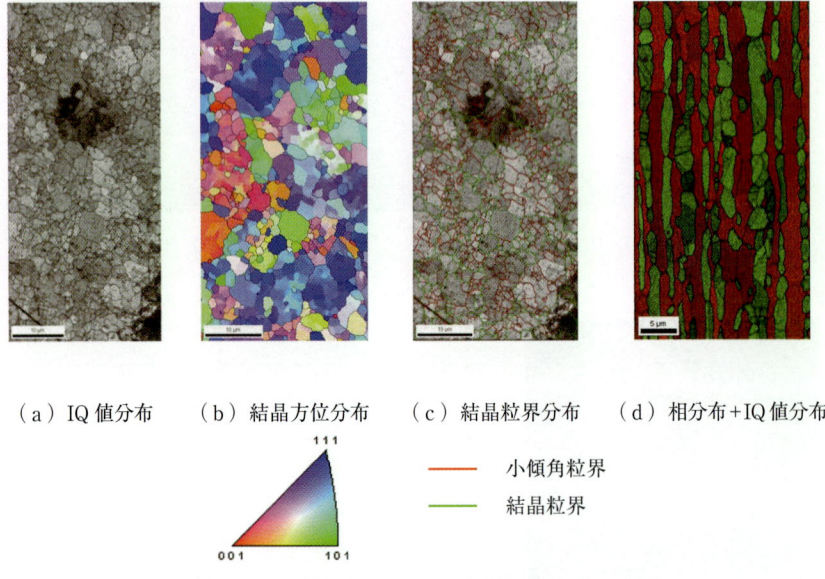

(a) IQ値分布　　(b) 結晶方位分布　　(c) 結晶粒界分布　　(d) 相分布＋IQ値分布

― 小傾角粒界
― 結晶粒界

口絵9　EBSDにより得られる各種分布図（図37.4）

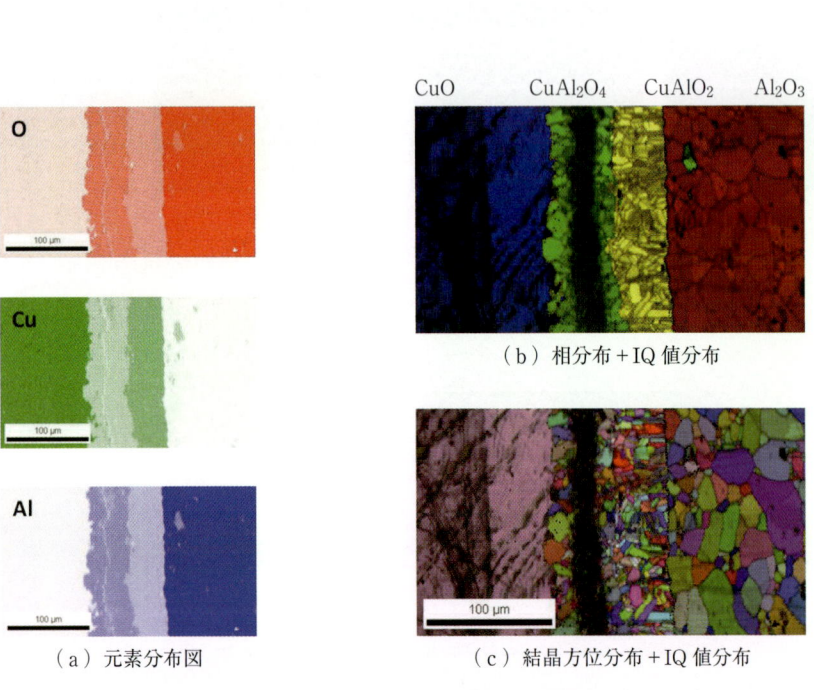

(a) 元素分布図　　(b) 相分布＋IQ値分布　　(c) 結晶方位分布＋IQ値分布

口絵10　EBSDとEDS同時測定による多層材の測定例（図37.8）

機械屋のための
分析装置ガイドブック

日本塑性加工学会 編

コロナ社

【執筆者】（執筆順）

吉野雅彦（東京工業大学）	走査型電子顕微鏡，共焦点レーザ顕微鏡
鈴木俊明（日本電子株式会社）	走査型電子顕微鏡
梅原徳次（名古屋大学）	環境制御型電子顕微鏡
山中晃徳（東京工業大学）	透過型電子顕微鏡　電子後方散乱装置
近藤行人（日本電子株式会社）	透過型電子顕微鏡
松村　隆（東京電機大学）	集束イオンビーム装置
楊　明（首都大学東京）	原子間力顕微鏡
月山陽介（新潟大学）	走査型トンネル顕微鏡
山本貴富喜（東京工業大学）	光学顕微鏡，蛍光顕微鏡，位相差顕微鏡，微分干渉顕微鏡
益満秀治（株式会社キーエンス）	共焦点レーザ顕微鏡
赤上陽一，久住孝幸（秋田県産業技術センター）	超高精度三次元測定機，走査型白色干渉計，位相シフト干渉計
安田公一（東京工業大学）	示差熱天秤
品川一成（香川大学）	熱機械分析装置
山﨑敬久（東京工業大学）	ガウスメータ，超伝導量子干渉素子磁束計，四重極質量分析計
新保　實（株式会社SMS）	動的粘弾性測定装置
齊藤卓志（東京工業大学）	自動複屈折測定装置
大竹尚登（東京工業大学）	分光エリプソメータ，グロー放電発光分光分析装置，フーリエ変換型赤外分光分析装置
平山朋子（同志社大学）	X線・中性子線反射率計
源関　聡，中村吉男（東京工業大学）	飛行時間型二次イオン質量分析装置，誘導結合プラズマ発光分光分析装置，有機元素分析装置，蛍光X線分析装置
早川邦夫（静岡大学）	電子線マイクロアナライザ
野老山貴行（名古屋大学）	オージェ電子分光装置
野崎智洋（東京工業大学）	ガスクロマトグラフ
坂井田喜久（静岡大学）	X線透過試験装置，X線回折装置
津島将司（東京工業大学）	核磁気共鳴装置
上坂裕之（名古屋大学）	ラマン分光装置
鈴木清一（株式会社TSLソリューションズ）	電子後方散乱装置
柏谷　智（住鉱潤滑剤株式会社）	X線光電子分光分析装置
黒川　悠，井上裕嗣（東京工業大学）	超音波探傷装置

（所属は2012年4月現在）

まえがき

　近年，さまざまな分析装置が発達し，種々の試験片についてこれまで得られなかったような詳細な情報が得られるようになり，機械工学においても有力な研究手段として広く利用されるようになってきた。しかしその半面，分析装置の発達が早く，分析の専門家以外にはその基本原理や，何が測定できるのかなどの基本的な特徴がわかりにくくなってきている。そのため，何らかの物性や物理量を測定したいがどのような装置を使えば良いのか皆目見当がつかず，いたずらに無駄な時間を費やしてしまうことも多々ある。

　そこで本書では，分析装置についてあまり知識のない研究者・技術者を対象とし，使いたい装置を手早く見つけ出すための案内書として編集した。そのためどのような装置により何が測定・分析でき，どのようなデータが得られるかということを，大ざっぱであっても手軽に見つけ出すことを主眼に置いている。本書では顕微鏡観察，元素分析，構造解析，物性計測に関する装置を取り上げている。なお材料試験や力・変位・寸法の計測については機械工学では一般的なのでここでは取り扱っていない。またなるべく実際に装置を使っている研究者，ユーザーに執筆してもらい，これら装置を使った研究例についても紹介している。どのような装置でもさまざまな機能があり，本書で紹介した事例にとどまらない素晴らしい成果があるとは思うが，機械工学に関連した事例のほうが感触を掴みやすいだろうと考えている。足りないところは多々あるとは思うが，分析装置の簡便な入門書として少しでも役に立てば幸いである。

　最後に，本書の出版にあたり，本書の執筆，編集にご協力頂いた方々に感謝申し上げる。

　2012 年 6 月

執筆者代表　吉野　雅彦

目　　次

1. 走査型電子顕微鏡 ……………………………………………………… 1
2. 環境制御型電子顕微鏡 ………………………………………………… 9
3. 透過型電子顕微鏡 ……………………………………………………… 14
4. 集束イオンビーム装置 ………………………………………………… 20
5. 原子間力顕微鏡 ………………………………………………………… 26
6. 走査型トンネル顕微鏡 ………………………………………………… 32
7. 光学顕微鏡 ……………………………………………………………… 36
8. 蛍光顕微鏡 ……………………………………………………………… 43
9. 位相差顕微鏡 …………………………………………………………… 48
10. 微分干渉顕微鏡 ………………………………………………………… 52
11. 共焦点レーザ顕微鏡 …………………………………………………… 57
12. 超高精度三次元測定機 ………………………………………………… 62
13. 走査型白色干渉計 ……………………………………………………… 69
14. 位相シフト干渉計 ……………………………………………………… 76
15. 示差熱天秤 ……………………………………………………………… 83
16. 熱機械分析装置 ………………………………………………………… 88
17. ガウスメータ …………………………………………………………… 94
18. 超伝導量子干渉素子磁束計 …………………………………………… 98
19. 動的粘弾性測定装置 …………………………………………………… 104
20. 自動複屈折測定装置 …………………………………………………… 111
21. 分光エリプソメータ …………………………………………………… 117
22. X線・中性子線反射率計 ……………………………………………… 123
23. 飛行時間型二次イオン質量分析装置 ………………………………… 128

目次

24. 誘導結合プラズマ発光分光分析装置 …………………………… 134
25. 有機元素分析装置 ………………………………………………… 140
26. 蛍光 X 線分析装置 ………………………………………………… 145
27. 電子線マイクロアナライザ ……………………………………… 151
28. オージェ電子分光装置 …………………………………………… 155
29. グロー放電発光分光分析装置 …………………………………… 160
30. 四重極質量分析計 ………………………………………………… 164
31. ガスクロマトグラフ ……………………………………………… 167
32. フーリエ変換型赤外分光分析装置 ……………………………… 178
33. X 線透過試験装置 ………………………………………………… 183
34. X 線回折装置 ……………………………………………………… 189
35. 核磁気共鳴装置 …………………………………………………… 196
36. ラマン分光装置 …………………………………………………… 201
37. 電子後方散乱装置 ………………………………………………… 207
38. X 線光電子分光分析装置 ………………………………………… 214
39. 超音波探傷装置 …………………………………………………… 220

1. 走査型電子顕微鏡

(Scanning Electron Microscope：SEM)

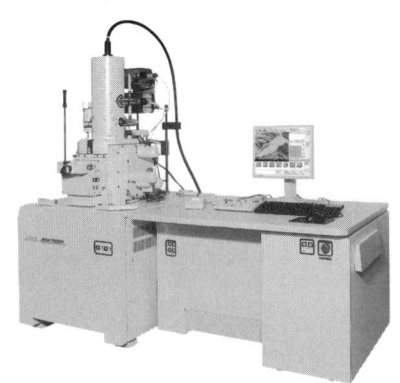

図1.1 走査型電子顕微鏡の外観

■ **用途**
- 電子線による試料表面の高倍率観察
- 真空中での観察

■ **得られるデータ**
- 試料表面形状のモノクロ画像
- 試料によっては結晶方位差のコントラストが得られる場合もある。
- 倍率は数十倍〜数万倍程度。分解能は 0.5 〜 4 nm 程度。電界放射型電子顕微鏡（FE-SEM）では数十万倍まで観察可能。

■ **分析できる試料**
- 固体材料
- 真空中で破壊，蒸発，分解等せず，水分やガスの放出がないもの。
- 導電性試料が適している。非導電性材料の場合にはコーティングなどの前処理が必要。生体材料などは乾燥させる必要がある。ただし低真空モードが使える SEM であれば非導電性試料をそのまま観察できる。

1. 走査型電子顕微鏡

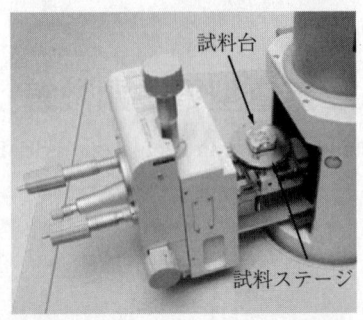

図1.2　SEMステージおよび試料台

- 図1.2に示すようなステージ上の試料台に乗る電導性の試料なら，ほとんどの場合，そのまま観察できる（おおよそφ20〜30 mmくらいまで）。
- 試料にダメージを与えないため，同一の試料を繰り返し観察できる。

■ 原理

【装置構成】

図1.3に走査型電子顕微鏡の構成を示すが，大きく分けて鏡筒と試料室からなっている。鏡筒上部に電子銃があり，そこから放出された電子は，高電圧（1〜30 kV）に印加された陽極により加速され，電子線となって集束レンズ（コンデンサレンズ），対物レンズを通り試料に照射する。このとき走査コイルで電子線の照射位置を制御し，試料表面をX, Y方向

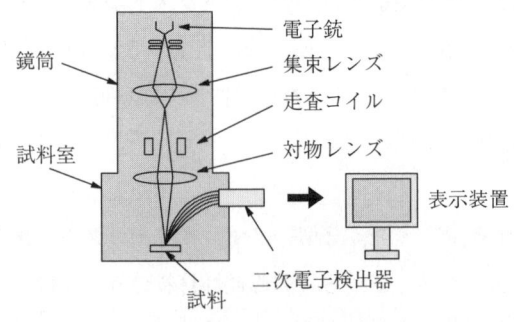

図1.3　SEMの原理図

に走査する。電子線が試料に当たると電子は試料内部に侵入し，**図1.4**に示すようにそこから二次電子，反射電子，X線，蛍光などが発生する。試料室内に取り付けた検出器で，試料より放出された二次電子や反射電子を検出し，ディスプレイに表示する。

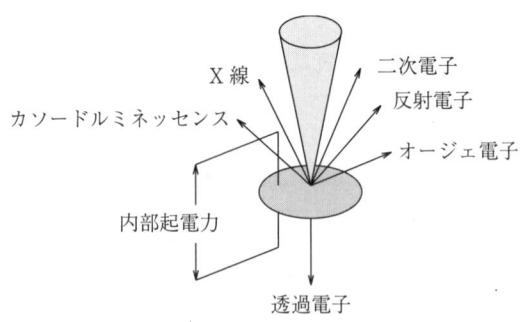

図1.4　試料に電子線を照射したときに生じる現象

【基本的な原理】

　二次電子は電子線が試料表面に入射する際の角度によって発生強度が変わるため，二次電子像は試料表面の微細な凹凸を二次電子の強弱として映し出すことができる。それに対して反射電子は，試料の原子番号の増加に伴い強度が増加するため，それをディスプレイに表示した反射電子像は合金などにおける組成の分布を観察するのに適している。

【鏡筒および試料室】

　鏡筒と試料室の内部は電子の減衰を防止するため真空に保たれている。このため試料は真空中で観察することになり，試料は真空中でガスなど汚染物質が放出されないものでなければならない。

【加速電圧】

　電子の加速電圧が高いと電子線をより細く絞ることができるため，分解能が高くなる。その反面，電子が試料内部に深く進入するため，試料のごく表面を観察するのは困難である。

4   1. 走査型電子顕微鏡

【集束レンズ】

　集束レンズ（コンデンサレンズ）の強さを変化させることにより電子線の径を調整することができる。図1.5に示すように集束レンズのレンズ作用を強くすると電子線は細くなり，SEM像の分解能は向上するが画質は粗くなる。一方，集束レンズ作用を弱くすると電子線は太くなり，SEM像の分解能は悪くなるが画質は向上する。図1.6に具体的な画質の違いを示す。

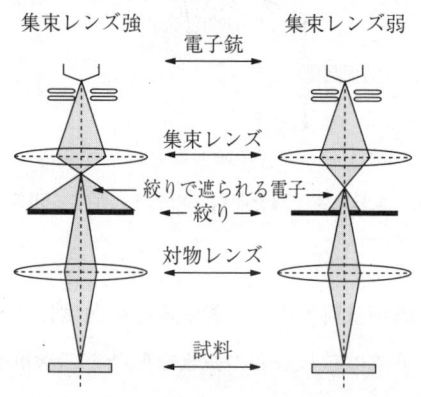

図1.5　集束レンズの作用

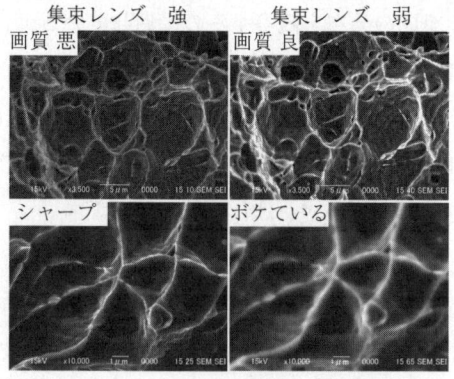

図1.6　集束レンズの調整例（金属破面）

【X線】

電子が試料に照射されると特性X線も発生する。そこで試料室にX線分析装置（EDSやWDS）を取り付け，その特性X線を分析することにより，試料の元素分析（EPMA）も可能となる。

■ 試料の準備方法

① 汚染された試料はアセトンなどで十分にクリーニングする。

② 非電導性試料の場合には，試料の帯電（チャージアップ）を防止するため，表面にスパッタコーティングや真空蒸着により金やカーボン薄膜をコーティングする。

③ 十分に乾燥させた後，試料室に挿入する。試料は素手で触らないこと。

④ 生体試料はタンパク質や脂肪の化学固定を行ったうえで，脱水し乾燥させる必要がある。液体や粘性体は標準では観察できないが，このような試料に対応できる付属装置（Cryo-SEMなど）がある。

■ 操作，データの見方，事例紹介

【二次電子像】

観察倍率は数十万倍まで見えるので，二次電子像により試料表面のサブμmレベルの微細な凹凸を観察できる。焦点深度が大きいので，ステージ傾斜を調整すれば，図1.7のように立体的な像も観察できる。この像を

図1.7　ステージの高傾斜による二次電子像

1. 走査型電子顕微鏡

利用し寸法の計測なども可能である。

加速電圧を変えると電子線の試料への侵入深さが変化するので，表面の微細構造が違って見える。特に樹脂など軽元素で構成された試料は変化が大きいので注意が必要である。

【反射電子】

反射電子の強度は試料の平均原子番号に依存するため図1.8に示すように，反射電子像は合金などにおける組成の異なる領域の分布を観察するのに適している。明るい場所は暗い場所より平均原子番号が大きい。

結晶方位の違いにより反射電子の強度が異なるため，図1.9に示すように，多結晶試料では結晶方位の差をコントラスト（チャンネリングコントラスト）の差として示すことができる。

図1.8 組成の差を示す反射電子（組成）像。右側は銀ロウ（Ag/Cu合金），左側は超硬（WC/Co合金）

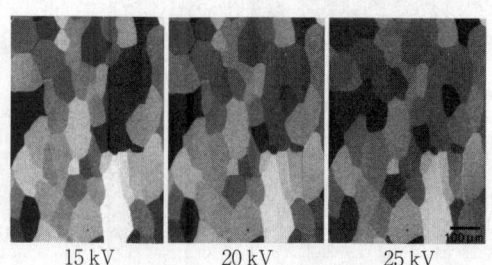

図1.9 Al多結晶試料の結晶方位の差を示す反射電子像（チャンネリングコントラスト）

1. 走査型電子顕微鏡

【火山灰粒子の分析例】

図1.10に二次電子像(図(a))と反射電子像(図(b))を示す。二次電子像は表面の凹凸を詳細に示しているのに対し,反射電子像は組成の違いによるコントラストが強調されている。EDS(エネルギー分散分光装置)を用いることにより試料上の位置に対応した元素分析が可能となる。面分析の機能により構成元素ごとのマッピング(図(c))を行うこともできる(**口絵1参照**)。

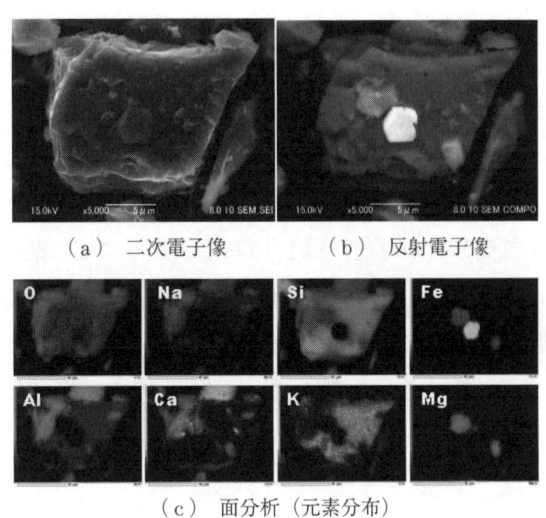

(a) 二次電子像 　　(b) 反射電子像

(c) 面分析(元素分布)

図1.10 火山灰粒子の二次電子像,反射電子像および
　　　 面分析(元素分布)例

■ **特徴,ノウハウ,オプション**
  ・ 光学顕微鏡に比べて焦点深度が非常に深い。
  ・ 加速電圧により画像が異なるので,最適な加速電圧を選定する必要がある。
  ・ 良い画像を得るためには,光学顕微鏡と異なり,焦点合せだけではなく,電子線の断面を正円にする非点収差:スティグマ(X,Y:二方向)調整が必要である。最近はこの調整を容易にするためのさまざまなシス

テムが付属されていることが多い。
- 極端に汚染された試料は SEM 鏡筒内を汚染する可能性があり，場合によってはオーバーホールが必要となるので注意が必要である。
- 電子銃には熱電子型と電界放射型（FE-SEM）がある。熱電子型は一般的に広く普及しているが，観察倍率は数万倍程度である。電界放射型では数十万倍までの観察が可能である。
- 試料室内で試験片を加熱したり変形させたりしながら，試験片の変化を観察できる装置もある。
- 1 kV 前後の低加速電圧では，絶縁物でもチャージアップしにくいためコーティングなしに観察できることもある。
- 電子顕微鏡に EDS や WDS を装備することにより，元素分析が可能になる。電子線を一点に停止させて分析する点分析や二次元的な元素分布がわかる面分析が可能。図 1.10 に示すように反射電子像と対応させることにより構造と元素分布の対比ができる。走査電子顕微鏡に EBSD 装置を装備することにより，各観察点の結晶方位の分析が可能になる。

■ 参考文献

1）日本電子株式会社 編：SEM 走査電子顕微鏡 A～Z　SEM を使うための基礎知識，日本電子株式会社（2009）
2）裏　克己：ナノ電子光学，共立出版（2005）
3）朝倉健太郎 他編：失敗から学ぶ電子顕微鏡試料作製技法 Q & A，アグネ承風社（2005）
4）電気学会 編：電子・イオンビーム工学，電気学会（2005）
5）堀内繁雄 他編：電子顕微鏡 Q & A：先端材料解析のための手引き，アグネ承風社（1996）

2. 環境制御型電子顕微鏡

(Environmental Scanning Electron Microscope：ESEM)

図 2.1　環境制御型電子顕微鏡（ESEM-2700）の外観

■ **用途**
- 電子線による試料表面の高倍率観察
- 低真空中（最高 2 700 Pa まで）での観察

■ **得られるデータ**
- 試料の表面のモノクロ画像
- 倍率は数百倍～数万倍程度

■ **分析できる試料**
- 固体材料。水分や油分を含んだ試料もそのまま観察可能。絶縁体の観察も可能。
- 液体
- 2 700 Pa までの低真空に耐えられる材料。
- 数百 mm 角程度の大きさの試験片まで観察可能。
- 試料にダメージを与えないので，同一の試料を繰り返し観察できる。

2. 環境制御型電子顕微鏡

■ 原理

【構造】

図 2.1 に示すように，基本的な構造は一般の高真空走査電子顕微鏡（SEM）と同様であり，試料室の上部に，鏡筒，さらにその上に電子銃を配置した構造となっている。電子銃室，電子レンズ室および試料室はオリフィス（小さな開口部）により隔離され，それぞれ異なる排気系で排気されている。電子銃室および電子レンズ室は高真空に保たれているが，試料室は 2 700 Pa までの低真空（大気圧の 1/40 程度）である。

【電子の照射】

電子銃より放出された電子が加速され，鏡筒中の電子レンズで収束し，試験片に照射されると，試験片から数 eV の低エネルギーの二次電子が発生する。ESEM ではこれを ESD（environmental secondary electron detector）で検出する。

【二次電子の検出】

図 2.2 に示すように，ESD には数百 V の正電圧がかけられており，試料表面から発生した二次電子はこの電界によって加速される。加速された電子は試料室内のガス分子に衝突して，ガス分子をイオン化させ，さらに電子を 1 個飛び出させる。この電子は再び電界で加速され，またガス分子に衝突してイオン化させる。この増幅過程が連続し，最終的に検出器であ

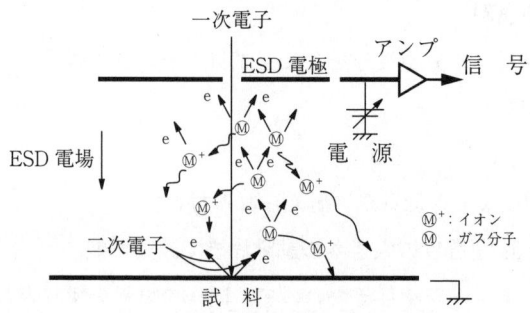

図 2.2 ガスによる電子増幅を用いた二次電子検出器（ESD）による検出原理図

る電極に集められ，二次電子信号として検出される。

【観察】

このように，ESEMのESD検出器ではガスそのものが一つの検出増幅器系として作用する。そのため，2 700 Paという低真空中（常温での飽和水蒸気圧）での二次電子像の観察が可能となっている。さらに，これらの過程で作られた正イオンは，負に帯電した試料に引き寄せられ，負の帯電を中和する。絶縁体試料への電子ビーム照射による帯電を中和できるため，絶縁体試料でも，導電体のコーティングをすることなく，そのまま観察可能である。

■ **試料の準備方法**

① 特になし。特別な試料の準備をすることなく観察できるのが特徴である。

② 試料の取付や観察の仕方は一般SEMとほぼ同様である。

■ **データの見方，事例紹介**

【生体材料の観察例】

図2.3に含水する生体材料（昆虫）の観察画像の例を示す。含水した試料や絶縁体試料が無処理で観察可能である。

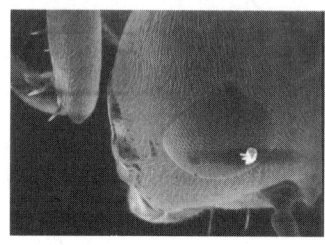

図2.3 昆虫（アリ）の観察画像（120倍）

【水滴の観察例】

図2.4に試料を冷却した際に成長した凝縮水滴の観察画像の例を示す。ESEMの冷却ステージに上の銅ホルダーにシリコンウェーハを固定し，冷却ステージ温度を低下させるあるいは周囲の水蒸気圧を高めることによ

2. 環境制御型電子顕微鏡

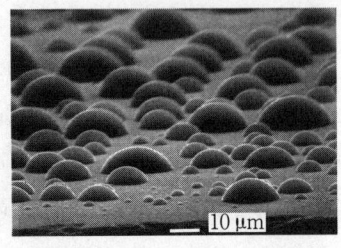

図 2.4 シリコンウェーハ上の微小水滴の
観察画像（1 000 倍）

り，シリコンウェーハ上に数 μm 直径の微小液滴を凝集させたものである。試料室に導入するガスを水蒸気とヨウ化メチレンガスなどにすることで，2 種類のガスの凝縮による微小液滴の接触角を測定することができ表面エネルギーの分布の測定が可能となる。

■ 特徴，ノウハウ，オプション

- 試料室のガス圧が 2 600 Pa まで観察可能であるため，水分や油分を含んだ試料もそのまま観察可能である。また正イオンにより試料の帯電を中和するので，絶縁体の観察が可能である。そのため観察前の試料の乾燥や導電性膜のコーティングなどの下準備は必要ない。また，水滴や液滴の測定も可能である。
- ガス圧により感度が変化するのが特徴である。ESD 検出器ではガス分子により増幅効果があるのでガス圧の増大とともに感度が増加する。
- 試料室の上部にある二次電子検出器と観察試料との距離（作動距離）は，狭いほど電子ビームの散乱による分解能の低下を防ぐことができる。そのため，二次電子検出器に接触しない範囲でなるべく試料に近づけるか工夫が必要である。ただし，試料が導体の場合，作動距離が短すぎると，EDS 検出器と試料との間でアーク放電が生じる場合があるので注意が必要である。
- 動画も撮影可能であるが，経過時間に伴い試料からガスが放出し，試料室のガス圧が高まると感度が増加し，画面が白くなる。そのため，画面の輝度を一定にするためには手動で調整することが必要である。

■ **参考文献**

1）G.D.Danilatos: Foundations of Environmental Scanning Electron Microscopy. Advances in Electronics and Electron Physics, **71**, pp.109–250 (1988)

2）G.D. Danilatos: Theory of the Gaseous Detector Device in the ESEM". Advances in Electronics and Electron Physics. **78**, pp.1–102 (1990)

3）M. Yoshino, T. Matsumura, N. Umehara, Y. Akagami, S. Aravindan, T. Ohno: Engineering surface and development of a new DNA micro array chip,Wear, **260**, 3, pp.274-286 (2006)

3. 透過型電子顕微鏡
（Transmission Electron Microscope：TEM）

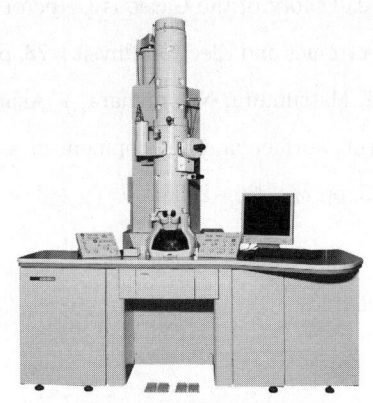

図 3.1　透過型電子顕微鏡の外観

■ 用途
- 電子線による材料内部の高倍率観察
- 原子配列，結晶構造などの観察
- 真空中での観察

■ 得られるデータ
- 固体内部の高倍率画像
- 倍率は最高 100 万倍程度
- 電子回折図形や試料で回折した電子の回折図形。試料の結晶構造の情報。

■ 分析できる試料
- 金属，セラミックス，鉱物，生体分子など。
- 真空中で破壊，蒸発，分解等せず，水分やガスの放出がないもの。
- 観察に適した試料寸法は直径数 mm の TEM 用メッシュ（試料を載せ

3. 透過型電子顕微鏡

る金属板）に載せることのできる大きさで，かつ電子を透過させることのできる十分薄い試料。試料厚さは加速電圧にもよるが，汎用TEM（加速電圧200 kV）の場合には，およそ50 nm以下にすることが必要。
- 同一の試料を繰り返し観察できる。

■ 原理

【構造】

　透過型電子顕微鏡は，図3.2に示すように，電子源より発生した電子を加速する電子銃，電子線を試料に収束，拡大し照射する集束レンズ（コンデンサレンズ），試料の移動・傾斜・回転・加熱・冷却などが可能な試料室，試料を透過した電子線を結像する対物レンズ，対物レンズで結像した像を蛍光スクリーンまたはカメラに拡大結像する中間レンズと投影レンズ，そして各レンズに設置された絞りから構成されている。鏡筒内部は10^{-5} Pa程度の高真空に保たれている。

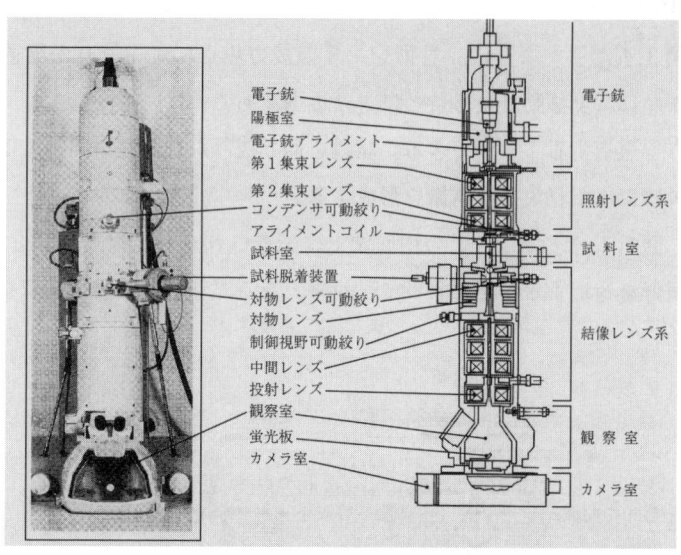

図3.2　TEMの装置構成

3. 透過型電子顕微鏡

【結像原理】

図 3.3 に TEM における電子線の結像原理を示す。電子銃から試料に電子線を照射すると，その大部分は透過波として試料をそのまま透過する。また，一部は試料内部の結晶面でブラッグ回折（弾性散乱）し，回折波として試料を通り抜ける。

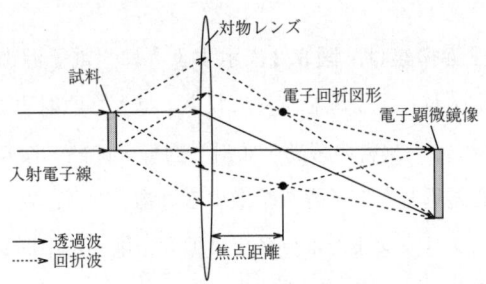

図 3.3　TEM の結像原理

【観察モード】

図 3.4 に示すように，対物レンズの後方焦点に対物絞りが配置されており，これを移動させることにより透過波あるいは回折波，もしくはその両方を選択することができる。試料を通り抜けた透過波や回折波は対物レンズによって収束し中間像を形成する。

・回折モードでは，この中間像上に配置された制限視野絞りを移動し，視野を選択することによって，対象となる試料のみの回折図形を得るこ

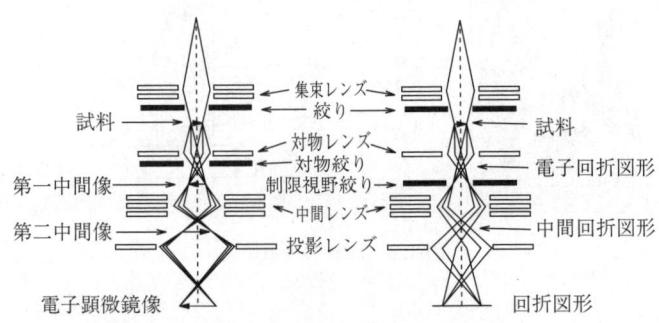

図 3.4　電子顕微鏡で像と回折図形を得る原理

とができる。
- 像モードではこの制限視野絞りは通常使用しない。中間像をさらに中間レンズや投影レンズで蛍光板に拡大表示することにより電子顕微鏡像や電子回折図形が得られる。
- 明視野は透過波のみ，もしくは透過波と回折波で形成された像である。
- 暗視野は回折波のみで形成された像である。

【データ】

回折図形により，試料の結晶構造を知ることができる。また，明視野あるいは暗視野像では転位などの格子欠陥を観察できる。さらに蛍光X線分光器や電子線エネルギー損失分光器を装着することにより，組成，電子状態が分析できる。

■ 試料の準備方法

TEM観察においては，試料作成が最も重要である。以下に代表的なTEM試料の作成方法を示す。

- **粉砕法**：試料のへき開を利用する方法。試料を乳鉢などですり潰し，得られた薄片を有機溶剤などに分散させてメッシュにのせる，もしくは直接メッシュにふりかけて作成する。簡便に薄い試料が得られる利点があるが，粉砕時に加えられた応力により試料にひずみが入ることがある。
- **イオンミリング法**：Arイオンなどを試料に衝突させて，試料表面の原子を除去することで薄膜試料を作成する方法。比較的均一な薄さで大きな領域を持つ薄膜試料を作成することができる。試料の最表面はイオン照射によりダメージ層を形成するが，イオンの入射角度を低くしたり，照射イオンのエネルギーを低くすることで大幅に軽減できる。
- **電解研磨法**：電気導電性のある金属材料の薄膜試料作成に用いる方法。試料を陽極として，白金板やステンレス板を陰極として電解液の中に入れ，直流電流を流し試料表面を溶出させることで，試料を薄膜化す

る。ダメージの少ない薄い試料を作成することができる。薄膜化する領域が表面の微小な凹凸などに依存したり，組成により選択的にエッチングされたりするため，希望の位置や組成の薄膜するには電解液や印加電圧などの経験が必要になることがある。

- **収束イオンビーム（FIB）法**：細く絞ったGaイオンビームで試料を微細加工し，試料を薄膜化する方法である。観察目的の場所を狙って薄膜化することができる。ただし試料表面にGaイオンが堆積しやすいため，イオンの加速電圧などの調節が必要である。また，FIB法で作成したTEMサンプルは，一般的に数十μm角程度の寸法であるため，そのサンプルを取り上げTEMメッシュに載せる作業が必要である。

■ データの見方，事例紹介

【明視野像】

　試料を通過した透過波のみ，もしくは透過波と回折波を対物絞りで選択し，形成した像である。前者は高分解能，高倍率な像を観察するのに対し，後者では格子の欠陥を観察するのに用いる。明視野像においては，試料が存在する部分は暗い影となり，試料が存在しない部分は明るく映しだされる。**図3.5**に示す例では転位が暗く映し出されている。

図3.5　微細押込みにより導入された単結晶銅内の転位組織の明視野像

【暗視野像】

　試料を通過した回折波のみを対物絞りで選択し，結像させた像である。試料を透かして見た明視野像とは異なり，試料内部でブラッグ回折した回折波をもとに結像する。試料の存在しないところでは回折が生じないので暗くなり，試料のあるところは明るくなる。また，暗視野像には試料の結

3. 透過型電子顕微鏡

晶構造の情報を含んでいるため，試料ステージで試料を傾斜し回折条件を調節することで，転位や粒界などの格子（結晶）欠陥を観察することができる。

【回折図形】

図3.6に示すように，試料内部で回折した電子線で形成される。得られる回折スポットの配列，スポット間の距離や角度から格子間隔，結晶構造，結晶方位，物質の同定が可能である。

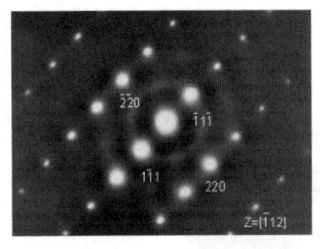

図3.6　試料内部で回折した電子線で形成される回折図形

■ **特徴，ノウハウ，オプション**
  ・ 数百万倍までの高倍率の観察ができる。
  ・ 転位などの結晶欠陥を観察することができる。
  ・ 高分解能観察により，原子レベルの観察が可能である。
  ・ 試料の薄膜を作製するのに熟練を要する。
  ・ エネルギー分散X線分光器（electron dispersive x-ray spectrometer：EDS）を装備することにより，入射電子によって試料から放出される特性X線を測定し，そのスペクトルから試料の化学組成の定量分析を行うことができる。

■ **参考文献**
  1）日本表面科学会 編：透過型電子顕微鏡，丸善（1999）
  2）医学・生物電子顕微鏡技術研究会 編：よくわかる顕微鏡技術，朝倉書店（1992）
  3）坂　公恭：結晶電子顕微鏡学，内田老鶴圃（1997）

4. 集束イオンビーム装置

(Focused Ion Beam：FIB)

別称　走査型イオン顕微鏡（Scanning Ion Microscope：SIM）

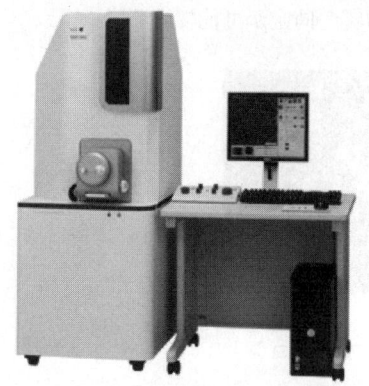

図4.1　集束イオンビーム装置（SMI500）の外観
（提供：エスアイアイ・ナノテクノロジー(株)）

■ 用途
- Gaイオンビームによる試料の微細加工および観察
- 試料表面および断面の観察
- 真空中での加工・観察

■ 得られるデータ

【加工機能】
- 微細エッチング（スパッタリング）加工
- 蒸着（デポジション）による微細部分のコーティング
- 蒸着（デポジション）による微細立体構造の製作

【観察機能】
- 試料の表面のモノクロ画像

- 最高倍率は3万倍程度

■ **分析できる試料**

- 電子顕微鏡とほぼ同じ。真空中で破壊,蒸発,分解等しない固体材料。真空中で水分やガスの放出がないもの。
- 導電性試料が適している。非電導性材料の場合にはコーティングなどの前処理が必要。生体材料などは乾燥させる必要がある。
- 試料寸法は,機種によって異なる。数mm角程度〜数百mmまで。
- 観察のたびに表面がエッチングされるため,同じ試料を繰り返し観察することは困難。

■ **原理**

【構造および原理】

図4.2に示すように,装置の中は高真空に保たれ,試料室の上部に鏡筒,さらにはイオン源が配置されている。高電圧をかけてイオン源から発

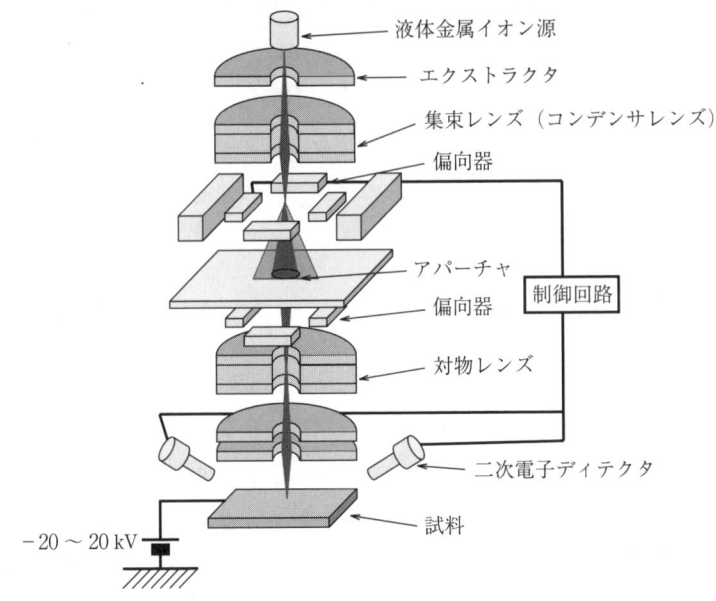

図4.2 集束イオンビーム装置の原理

4. 集束イオンビーム装置

生した Ga イオンを電界によって加速し，集束レンズ（コンデンサレンズ）によって数十 nm～数百 nm の径に集束させる．このようにして発生したイオンビームを試料に照射し，試料の加工および観察を行う．イオンビームの強さはプローブ電流の量で表され，0.15 pA から 20 nA 程度である．

【エッチング（スパッタリング）】

Ga イオンは質量が大きいため，試料に照射された Ga イオンビームは試料表面の原子を弾き飛ばし（スパッタリング），エッチング加工する．試料上でイオンビームを走査させることにより，材料表層の必要な部分のみをエッチングできる．ビットマップデータの二次元画像を用意すれば，本体付属の制御用コンピュータからビームの照射位置を制御でき，その画像に則った形状を加工できる．

【デポジション（FIB-CVD 法）】

イオンビームを試料に照射する際に照射領域に化合物ガスを供給すると，ガスがイオンビームにより分解され，その成分が試料表面に蒸着（デポジション）する．スパッタリングと同様に，イオンビームを走査させて所定の位置にガスの成分を蒸着できる．本機能は，スパッタリング加工時の試料表面の保護や半導体の回路修正などに使用される．また立体形状を作ることもできる．デポジションでは，一般に強度（インテンシティ）の弱いビームを使用する．

【SIM 観察】

集束イオンビームを照射すると，試料表面から二次電子が放出される．この二次電子をディテクタで検出し，その強度を二次元情報に変換することで，電子顕微鏡と同様に拡大画像を観察できる．この顕微鏡システムを走査型イオン顕微鏡（scanning ion microscope：SIM）と呼ぶ．ただし，イオンビームは電子ビームよりも大きいため，電子ビームほど試料内部に進入できない．そのため，得られる画像は電子顕微鏡の画像よりも表面の物性や試料の形状の影響を反映したものになる．観察と同時に試料表面が

エッチングされるので,弱いビームで観察し,また観察時間をなるべく短くすることが重要である。

■ 試料の準備方法
① 高真空中の試料室では,試料の汚れが試料室内を汚染する。そのため,試料はアセトンなどで洗浄し,十分に乾燥させる。
② 非電導性材料の加工と観察には,試料の帯電(チャージアップ)を防止するため,表面に導電性のある金やカーボン膜をコーティングする。

■ データの見方,事例紹介
【微細加工と観察例】
図4.3にシリコンウエハに微細加工しSIMで観察した例を示す。図(a)はビットマップデータを用いイオンビームによるエッチング加工したもの,図(b)はデポジションにより立体的に造形したもの,図(c)は両者の組合せによって造形した例である。

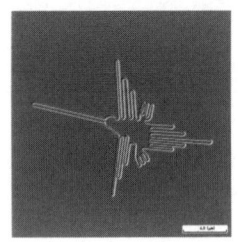
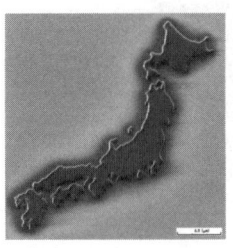

(a) エッチング　　(b) デポジション　　(c) エッチング＋デポジション

図4.3　微細加工例

【断面観察】
図4.4(a)は微細パターンをイオンビームで加工したもの,図(b)はその断面である。断面観察において,ビームの散乱による断面のダレを防止するために,あらかじめデポジションでカーボン膜を生成し表面を保護してある。イオンビームでカーボン膜ごと溝を削り,SIMによって斜め上から観察したものである。

4. 集束イオンビーム装置

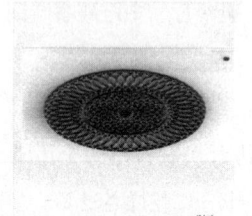 

（a）エッチングにより加工
した微細パターン

（b）イオンビームにて
削りだした断面

図 4.4 スパッタリング加工と断面観察

【TEM サンプル】

FIB は TEM（透過電子顕微鏡）観察用のサンプルの作成に利用される。図 4.5 は試験片表面に垂直な方向に薄いサンプルを切り出しているところである。この薄いサンプルの両端と下端をイオンビームで切断し、TEM 用メッシュにピックアップする。

図 4.5 透過電子顕微鏡観察用
試験片の加工例

■ 特徴，ノウハウ，オプション

- 加工と観察が同時に行えることが特徴である。
- イオンビームは電子ビームよりも大きいため，電子ビームほど試料内部に進入できない。そのため，電子顕微鏡と比べて，表面の物性や形状を，より顕著に反映した情報が得られる。
- イオンビーム電流を大きくすれば加工速度が速くなるが，イオンビームの直径が大きくなるため形状精度は悪化する。
- ビーム強度はガウス分布に従うため，高さ（深さ）方向に対して高い

形状精度が要求される場合は，ビームの照射角度も含めた照射条件に注意すべきである．
- ビーム強度はガウス分布を有しているため，スパッタリングにおいては，ビーム強度の高い領域では材料が除去されるが，強度の低い領域ではデポジションと同様の効果により材料が再付着する．そのため，再付着を防ぐための加工順序と照射条件を検討する必要がある．
- 加工および観察領域は，制御用パソコンにおけるイメージに依存し，そのスケールは数百 nm 四方から数 mm 四方程度で，解像度は 800 ドット四方から 1 000 ドット四方である．試料台には駆動テーブルが設置されているため，試料台の機械的な移動と回転により加工や観察における位置と角度が制御できる．
- 一般に，集束イオンビームによる加工は時間がかかるため，製作の効率を上げるためには，形状精度が維持できる条件内で，最大のプローブ電流を設定するのが望ましい．
- ビームの照射によって試料表面の二次電子が放出されるため，表面は徐々に正に帯電する．このチャージアップの影響により，ビームの照射位置が時間とともにずれる．そのため，長時間の加工と観察では，ドリフト補正と呼ばれる機能を用いて照射精度を維持する．ドリフト補正では，加工時に試料上の被加工領域以外の穴または線の位置を参照して照射位置の誤差を計算し，その位置を補正する．

■ 参考文献

1） エスアイアイ・ナノテクノロジー株式会社：http://www.siint.com/products/fib/SMI500.html
2） エスアイアイ・ナノテクノロジー株式会社：http://www.siint.com/products/fib/tec_descriptions/descriptions.html
3） Jon Orloff, et al.: High Resolution Focused Ion Beam, Kluwer Academic/Plenum Publishers, New York, N.Y. (2003)

(2012 年 6 月現在)

5. 原子間力顕微鏡
(Atomic Force Microscope：AFM)

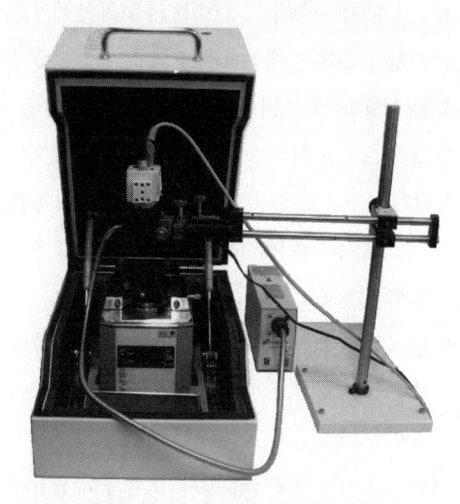

図 5.1　原子間力顕微鏡の外観

■ **用途**
- 探針による試料表面凹凸の測定
- 試料表面の物性測定，電磁気特性の測定
- 大気中での観察・測定

■ **得られるデータ**
- 試料表面凹凸の三次元画像
- 試料表面形状観察
- 表面硬さなどの機械特性分布（タッピングモード）
- 表面摩擦力（ラテラルフォースモード）
- 試料表面の電位分布（電位測定モード）
- 分解能 0.1 nm 程度

5. 原子間力顕微鏡

■ 分析できる試料
- 基本的にあらゆる固体試料の表面を測定できる。
- 観察に適した試料寸法は装置によって構造や試料空間が異なる。測定範囲もXY方向スキャンするアクチュエータ（駆動機構）の可動範囲によって異なる。試験片寸法は数cm〜数十cmまで，測定範囲は数十μm〜数十mmまでである。Z方向の測定範囲は数μmである。
- 同一の試料を繰り返し測定できる。

■ 原理
【基本構造】

図5.2に原子間力顕微鏡の構造の概略を示す。曲げ剛性が低く，先端が鋭く尖ったプローブ（探針）を有する小さいてこを試料表面に近づけ，接触子先端と表面の間に働く原子間力（ファンデルワールス力など）を利用し表面形状を測定する。

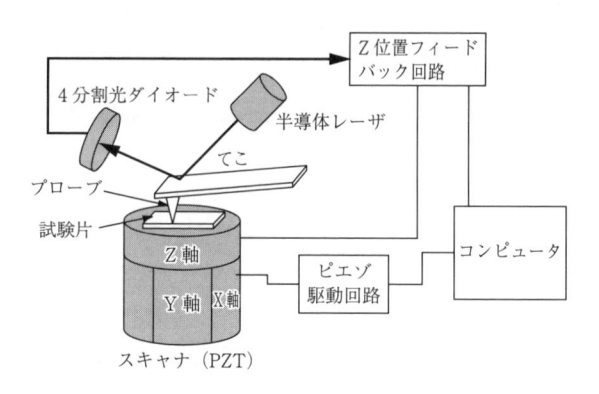

図5.2 原子間力顕微鏡の構成図

【原子間力】

原子間力は原子間の距離に大きく依存し，距離が小さくなるにつれて引力が大きくなり，ある距離（0.4 nm程度）で引力が最大値になる。さらに距離を縮めると原子間力が斥力に変わり，接触子が接触すると斥力が無限大になる。この原理間力の大きさに応じて，てこがたわむので，てこの

たわみを利用して原子間力を測定する。

【力の検出】

図5.3にプローブ先端と試料表面との距離と原子間力との関係を示す。これをフォースカーブと呼ぶ。図5.4に代表的な原理間力の検出方法を示す。てこ先端に測定用レーザ光を当て，その反射光の位置を検出器（4分割ダイオード）で検出する。これにより原子間力によって生じるてこ先端の微小なたわみを反射光位置ずれとして検出する。

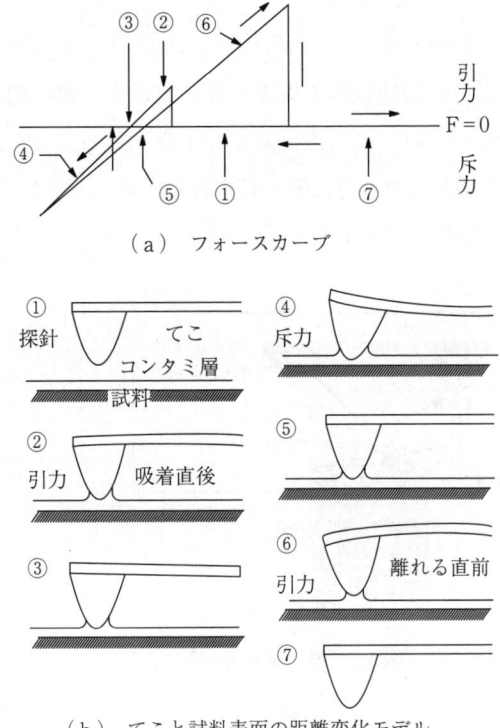

（a） フォースカーブ

（b） てこと試料表面の距離変化モデル

図5.3 フォースカーブとてこと試料表面の距離変化モデル

5. 原子間力顕微鏡

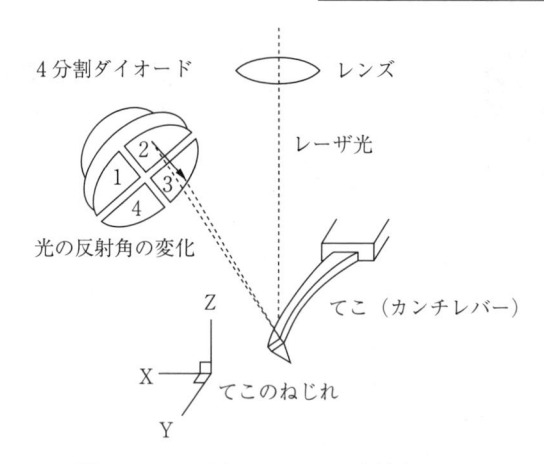

図5.4 レーザ光による原子間力検出原理図

【走査機構】

高精度Z方向アクチュエータ（駆動機構）によって原子間力が一定になるようにプローブ先端と試料表面とのギャップを保ちながら，XY方向アクチュエータによってプローブで試料表面上を走査する。このときのアクチュエータの変位量から表面三次元形状を測定する。

【測定モード】

測定方法によって，引力を利用したノンコンタクトモード測定，斥力を利用したコンタクトモード測定，また，てこを振動させながら測定するタッピングモード測定などがある。横方向に走査するときのせん断力（ラテラルフォース）を測定することにより，材料の摩擦特性が測定できる。また導電性材料の接触子を用い電位測定を行うことにより，試料表面電位の分布測定も可能である。同様に磁性材料のプローブを用いれば試料表面の磁力を測定することができる。

■ **試料の準備方法**

① 測定精度を保つため，試料の静電気や水分の除去と汚れの除去を行う。

② 適切な大きさに切出した試料を試料台に固定する。

5. 原子間力顕微鏡

(a) 30分　　(b) 60分　　(c) 120分

	表面積 〔μm^2〕	表面粗さ Ra 〔μm〕
30分	25.20	13.59
60分	26.03	23.78
120分	25.30	9.16

図5.5 観察画像の例

■ **データの見方，事例紹介**

【観察画像例】

図5.5に観察画像の例を示す。表面処理時間による表面形状の変化を求めた例である。この画像データから表面粗さなどのデータを算出することができる。

■ **特徴，ノウハウ，オプション**

・ 光学顕微鏡や電子顕微鏡より高倍率で表面形状の観察ができる。また表面凹凸の数値データが得られるので，三次元表面の定量分析ができる。

・ 原子間力顕微鏡は基本的に引力を利用したノンコンタクトモード測定による非接触測定であり，また特殊な場合を除き真空環境を必要としないため，すべての試料表面を測定できるのが特徴である。ただしファンデルワールス力が大変弱く（ある距離を置いた2個の原子間に働くファンデルワールス力の最大引力は 1.89×10^{-11}N），てこ先端が試料表面を接近するとき，静電力や水滴が付着した場合の表面張力の影響を受けやすいので，静電気の除去や測定時の湿度環境制御が必要である。

- 非接触であるため，生体材料のような軟らかい試料表面の測定も可能である。てこの先端で表面をなぞるので，材料の化学特性や電気特性の影響を受けにくい。また，真空環境を必要としないので，測定が簡便に行える。
- 一画面の映像を得るのにある程度時間がかかるため，いろいろな場所を次々観察し，目標物を探すのには向かない。
- 各種測定モードを適用することにより，材料表面の摩擦測定，硬さなどの物性の測定ができる。また，導電性材料てこおよび電位測定可能な回路を用いることにより，試料表面電位の分布測定も可能であり，磁性材料てこを用いる場合，試料表面の磁力を測定することができる。
- 試料内部の情報は得られない。

■ **参考文献**

1) 森田清三：原子間力顕微鏡のすべて，工業調査会（1995）

6. 走査型トンネル顕微鏡
(Scanning Tunneling Microscope：STM)

図6.1 走査型トンネル顕微鏡の外観
(提供：エス・アイ・アイ・ナノテクノロジー(株))

■ **用途**
- 探針による試料表面凹凸の測定
- 大気中での観察・測定

■ **得られるデータ**
- 試料表面凹凸の三次元画像
- 面内分解能：0.1 nm 程度，垂直分解能：0.01 nm 程度
- 原子レベルの観察画像

■ **分析できる試料**
- 金属などの導電性材料。絶縁体を観察する場合は，表面に金などを薄く蒸着する。
- 試料寸法は一般的には最大数 cm 角程度が目安。基本的に試料台に乗る導電性の試料であれば，ほとんどの場合，前処理なしでそのまま観察

できる。
- 表面の凹凸が数 μm を超え，スキャナ（走査用のステージ）の動作範囲を超える場合や試料が重くスキャナの動作を妨げるような場合は適さない。
- 同一の試料を繰り返し観察できる。

■ 原理

【基本原理】

図 6.2 のように，距離 z だけ離れた二つの金属間に十分低い電位 V をかけた場合，金属間の最近接距離が 1 nm 程度になるとトンネル効果により電流（トンネル電流）が流れ始める。このトンネル電流の電流密度 J は次式で示される。なお ϕ_1 および ϕ_2 はそれぞれ金属電極の仕事関数，m は電子質量，e は電子電荷，h はプランク定数である。

$$J = \frac{\alpha\beta\phi^{\frac{1}{2}}V}{z}e^{-\alpha z\phi^{\frac{1}{2}}}, \ \alpha = \frac{4\pi(2m)^{\frac{1}{2}}}{h}$$

$$\beta = \frac{e^2}{4\pi h}, \ \phi = \frac{\phi_1 + \phi_2}{2}$$

【トンネル電流】

一般的な金属の場合，0.1 nm 程度の距離の変化に対してトンネル電流密度は数倍～10 倍以上変化する。図 6.3 のような金属探針と金属極板間

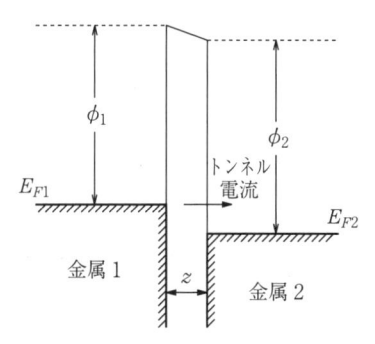

図 6.2 金属間のトンネル効果の模式図

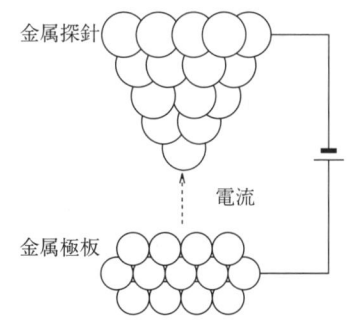

図 6.3 探針-極板間を流れるトンネル電流の模式図

6. 走査型トンネル顕微鏡

を考えると，トンネル電流密度は探針―極板間の距離の微小な変化に対しても大きく変化する。そのため，最近接部分すなわち探針先端の数原子と極板間をトンネル電流が流れるようになる。このトンネル電流が一定となるように金属間距離を制御しながらプローブ（探針）を極板上に走査させることで，高い水平および垂直分解能が得られる。

【装置構成】

図6.4に装置の概要を示す。探針・試験片間に流れるトンネル電流が一定となるようにフィードバック制御によりZステージの高さを調整しながら面内（XY）方向に走査させる。試験片表面の凹凸情報は，スキャナが走査した軌跡として得られる。プローブ（探針）―試験片間距離に対して電流密度は指数関数的に変化するため，高い垂直・水平分解能を有し，原子像の観察が可能である。

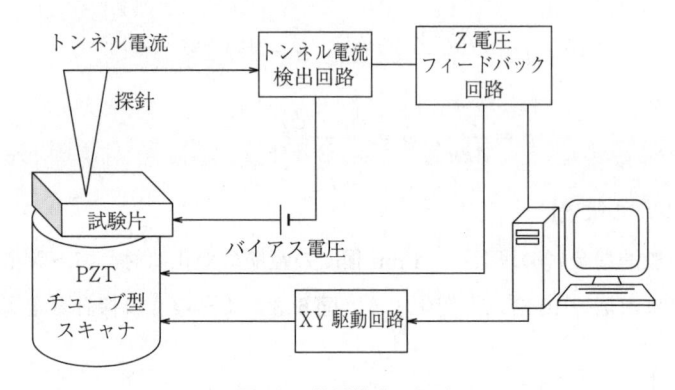

図6.4 装置構成の概要

■ 試料の準備方法

① マイカ（雲母）などの原子像を観察する場合，テープを使用して表面を薄くへき開させ，新生面を得る。

② 非電導性材料の場合には，表面に金やカーボン膜で薄くコーティングする。

6. 走査型トンネル顕微鏡　35

■ データの見方，事例紹介
【原子の観察例】
　図6.5にグラファイト表面の観察例を示す。高い垂直分解能により原子スケールの表面形状計測に向いている。一般に垂直方向に拡大表示されているため凹凸が大きく見えるが，実際には画像より平滑であることに注意する必要がある。

図6.5　グラファイト表面の原子像
（提供：エスアイアイ・ナノテクノロジー(株)）

■ 特徴，ノウハウ，オプション
・白金イリジウムを探針に用いると，白金イリジウム線を単に切断するだけで先端部分をプローブ（探針）として利用できる。
・大気中で観察する場合，化学的に安定な白金を探針として用いるのが良い。
・試験片を固定する場合は試料台と導通しやすいように，導電性ペースト等を使用すると良い。
・一般に凹凸が大きい表面を走査する場合は，発振しない程度にゲイン値（増幅率）を大きくすることでプローブの凹凸追従性を向上できる。

■ 参考文献
1）御子柴宣夫 他編著，電子情報通信学会編：走査型トンネル顕微鏡，電子情報通信学会（1993）
2）西川　治：走査型プローブ顕微鏡 STMからSPMへ，丸善（1998）

7. 光学顕微鏡

(Optical Microscope)

別称　生物顕微鏡／金属顕微鏡

(Biological Microscope／Metallurgical Microscope)

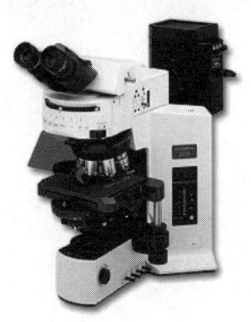

（a）正立顕微鏡 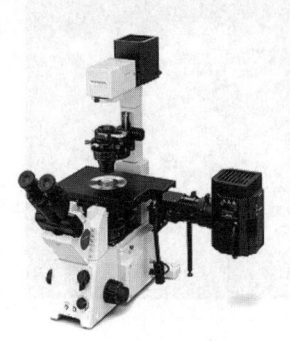　　　　　　（b）倒立顕微鏡

図7.1　光学顕微鏡の外観（提供：オリンパス(株)）

■ **用途**
- 可視光による試料表面および試料内部の高倍率観察
- 大気中，真空中または溶液中での観察

■ **得られるデータ**
- 試料の高倍率画像。
- 倍率は最高1 000 ～ 1 500 倍程度。
- 分解能は200 nm 程度。

■ **分析できる試料**
- 固体，液体にかかわらずサンプル表面の観察が可能
- 透明体であれば，サンプル面と対物レンズ面が触れない範囲（作動距離）で内部の観察も可能。

- 対物レンズを高屈折率液中に漬けたまま観察する方法（液浸対物レンズ）を使えば，さらに分解能を高めることができる。
- 同一の試料を繰り返し観察できる。

■ 原理
【分類】
用途別に生物顕微鏡，金属顕微鏡と分類されることもあるが，基本的には同じものである。
- 金属顕微鏡：金属表面の観察に適した顕微鏡の意で，対物レンズ側から光を試料に当てて反射光で観察する落射照明型顕微鏡のこと。
- 生物顕微鏡：主に医学・生物学の分野で用いられる顕微鏡の意で，透過照明観察型顕微鏡（＝明視野顕微鏡）のこと。

【倍率】
図7.2に示すように，光学顕微鏡は一組の凸レンズ系から構成されている。一つはサンプルに近接する対物レンズであり，もう一つは撮像素子に近接する結像レンズである。図に示すように，対物レンズの前焦点F_1のわずかに外側に試料ABを置くと，対物レンズによって拡大された倒立像$A'B'$が作られる。試料ABと対物レンズの前焦点との距離を適当に調節して，$A'B'$がつねに結像レンズの前焦点F_2の少し外側に結像するようにする（肉眼で観察するための接眼レンズの場合は前焦点の内側に$A'B'$が来るようにする）。これにより結像レンズによって撮像面に拡大像$A''B''$が作られる。

顕微鏡の倍率をMとすると

$$M = \frac{A''B''}{AB} = \frac{A'B'}{AB} \times \frac{A''B''}{A'B'} \tag{7.1}$$

となる。ここで，$A'B'/AB$は対物レンズの倍率，$A''B''/A'B'$は投影レンズの倍率で，顕微鏡の倍率はそれぞれの積であり，総合倍率と呼ぶ。

7. 光学顕微鏡

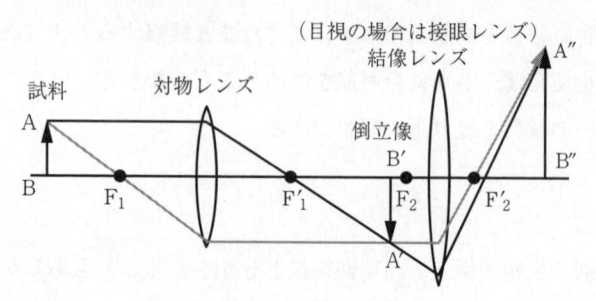

図7.2 光学顕微鏡の基本光学系

【観察の限界】

点光源をレンズで結像した際に生じる Airy disk の強度分布は**図7.3**のようになり，光の84％が中央の大きな円盤に集まっている。このとき，Airy disk が半分だけ重なっている状態を分解能と定義している。**図7.4**（a）では一つの Airy disk が十分離されている。図（b）では中央の円が半径分（半分）重なった状態で，重なった部分の明るさの分布は二つのピークよりも26％暗くなっているため二つのピークは分離されている。図（c）では二つの Airy disk が接近しすぎて，重なった部分の明るさが

図7.3 Airy disk

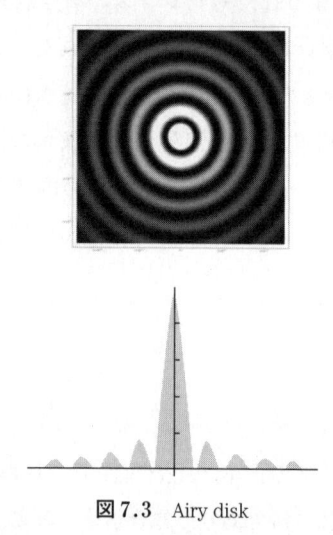

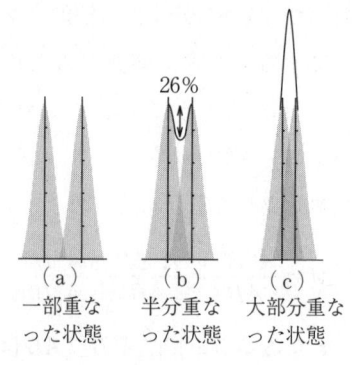

図7.4 二つの Airy disk が接近した場合の強度分布

(a) 一部重なった状態
(b) 半分重なった状態
(c) 大部分重なった状態

二つのピークを越えてしまっているので，光学的に分離していない。

【分解能】

分解能（間隔 δ）は

$$\delta = \frac{0.61\lambda}{n \cdot \sin\alpha} = \frac{0.61\lambda}{NA} \tag{7.2}$$

で表される。ただし，λ は光の波長，n は光源側の媒質の屈折率，α は光源からレンズに入る光と光軸とのなす最大開角。NA は開口数で，対物レンズに記載されている。実用上は $\delta = \lambda/2NA$ と覚えておいて問題ない。

式（7.2）より，対物レンズの分解能を良くするには以下二つの方法があることがわかる。

- **方法 1**：光源の波長を短くする。ただし，可視域は約 380 〜 770 nm 程度なので，目視できる波長は 380 nm 程度が下限となる（カメラで撮影することが前提で，紫外線観察するタイプの顕微鏡もある）。
- **方法 2**：式（7.2）の分母を大きくする。対物レンズとサンプルの間にオイルや砂糖水など屈折率の大きな媒質で満たすと $n = 1.5$ 程度となる。$\sin\alpha$ については α が 90° のとき最大値 1 となるが，実際には光軸と 90° の角度をなして広がる光をレンズに入れることはできない。そのため実用的には 1 よりやや小さく，$NA = n\sin\alpha = 1.4$ 程度になる。このとき最も波長の短い青色の可視光（$\lambda = 400$ nm）を使って観察すると，式（7.2）より $\delta = 174 \sim 200$ nm 程度となる。なお特殊な高屈折率オイルに浸すと $NA = 1.8$ 程度にすることもできる。このように分解能を上げた対物レンズを液浸対物レンズ（水浸対物レンズ，油浸対物レンズ）と呼ぶ。

【NA】

顕微鏡の光学分解能は対物レンズの NA で決定され，倍率や接眼レンズとは関係ないことに注意されたい。同じ倍率でも，分解能が低い（NA が小さい）対物レンズと高い対物レンズによる違いを図 **7.5** に示す。

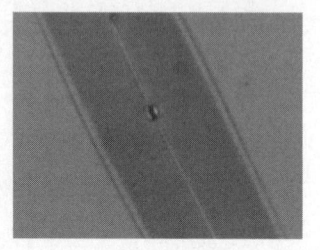

(a) 低分解能 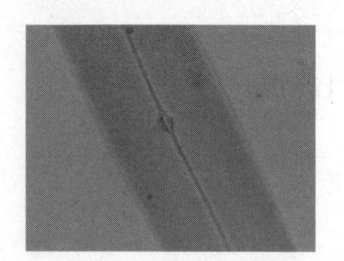　　　　　　　　　(b) 高分解能

図 7.5　分解能による観察像の違い（提供：オリンパス(株)）

【明視野観察】

最も一般的な観察法，標本を透過または反射した光を観察する方法。視野全体が明るいのが特徴。

【暗視野観察】

試料からの反射光（透過光）が直接対物レンズに入らないように斜めに照明を当て，散乱光を観察する方法。図 7.6 に例を示すが，暗視野像の特徴として，明視野では結像しないような波長サイズ以下の微小な凹凸構造の観察が可能となる。例えば光学分解能が高い開口数 1.4 の対物レンズを使用した場合，明視野観察での分解能は $0.17\,\mu m$（波長 $400\,nm$）であるのに対し，暗視野観察では $10\,nm$ 以下の微小凹凸も検出可能である。ただし，暗視野像は散乱光や回折光を観察しているため，光学分解能が高いわけではないことには注意が必要である。

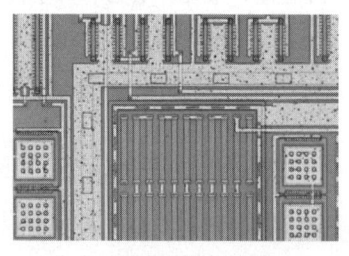

(a) 明視野観察による　　　　　　(b) 暗視野観察による
　　電子デバイスの表面　　　　　　　電子デバイスの表面

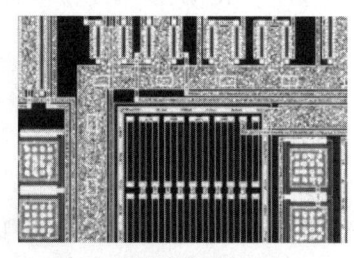

図 7.6　明視野観察と暗視野観察の違い

7. 光学顕微鏡　41

【無限遠焦点系】

　最近では，対物レンズと接眼レンズの中間にさまざまな光学系を挿入しても波面のひずみが生じないよう，またさまざまな光学系の挿入で光路長が長くなっても結像性に問題が出ないよう，対物レンズから平行光束で出射するよう設計された無限遠焦点系の対物レンズが主流となっている。**図7.7**に $NA = 1.35$ で設計した無限遠焦点設計の油浸対物レンズのレンズ構成と，光学系の一例を示す。このような無限遠焦点レンズを用いると，位相差観察，微分干渉観察，蛍光観察などを同時に行うことができる（蛍光顕微鏡（8章），位相差顕微鏡（9章），微分干渉顕微鏡（10章）のページを参照）。

（a）　×100倍無限遠補正対物レンズの一例

（b）　無限遠補正対物レンズの光学系
　　　（出射光は平行光束となっている）

図7.7　無限遠補正対物レンズ

■　**試料の準備方法**

ほとんど必要ない。

■　**データの見方・事例紹介**

図7.5，図7.6参照。

■　**特徴，ノウハウ，オプション**

・　1 μm 以下程度までの構造であれば，最も手軽に観察できる手法である。

・　コントラスト増強や表面分析など，豊富な観察オプションが選べる。

・　透明サンプルであれば内部観察が可能。

- 赤外線や紫外線を用いることにより，不透明材料の内部観察も可能。
- 特に生物顕微鏡では，シャーレ内部の培養微生物や細胞観察のため，下から観察するタイプの倒立顕微鏡も用意されている。
- さまざまなオプションがあり，例えば位相差や微分干渉観察を利用すれば透明な位相物体の検出もできる。
- 共焦点技術を利用すれば，断層撮影で三次元像を得ることもでき，ほぼ同様の光学系に分光器を付ければラマン分光で表面分析も可能となる。**表7.1**にこれら観察手法の特徴を簡単にまとめておく。

表7.1 各種光学観察の特徴一覧

観察法	長　所	短　所
明視野観察	光学的な拡大像を得られる。	光学分解能以下の構造は見えない。
暗視野観察	分解能を超えた小さな異物も"検出"できる。	複雑な構造や隣接した構造は見えない。
微分干渉観察	光学分解能を超えた微小凹凸など厚みの変化を観察できる。	一定方向の変化しか見えない。偏向性のある材料では効果が出ない。
位相差観察	透明な位相物体に強いコントラストをつけられる。	透明な材料でしか使えない。
蛍光観察	分解能を超えた小さなものも検出できる。ただし多くの場合，蛍光染色が必要。	蛍光を発するものしか見えない。

■ 参考文献

なし

8. 蛍光顕微鏡
(Fluorescent Microscope)

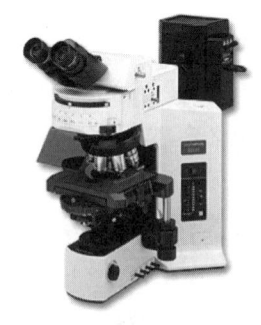

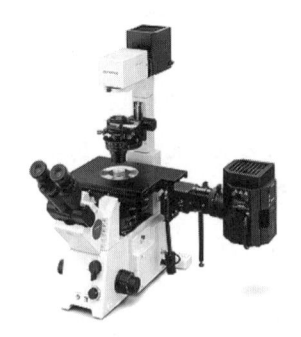

　　　　（a）正立顕微鏡　　　　　（b）倒立顕微鏡

図 8.1　蛍光顕微鏡の外観（光学顕微鏡と同じ）(提供：オリンパス(株))

■ 用途
- 可視光による試料内部の高倍率観察
- 生体組織，微生物，生体分子などの静的・動的観察
- 大気中または溶液中での観察

■ 得られるデータ
- 試料の蛍光画像
- 最高倍率 1 000 ～ 1 500 倍，分解能 200 nm 程度

■ 観察・分析できる試料
- 主に細胞組織，細菌，タンパク質，DNA などの生体試料全般。蛍光色素を反応結合させる必要がある。
- 自家蛍光を発する高分子材料や蛍光材料。有機 EL，半導体デバイスなどのレジストの残りかすやその他の汚れなど。
- 同一の試料を繰り返し観察できる。

8. 蛍光顕微鏡

■ 原理

【蛍光】

　蛍光物質に十分なフォトンエネルギーを有する光を照射すると，蛍光物質がそのエネルギーを吸収し，電子が基底状態から励起状態に遷移する。ある時間ののち励起電子は発光を伴って基底状態へと戻るが，この過程で発生する光が蛍光である。蛍光発光では励起準位における熱的緩和を伴うため，蛍光の発光波長は励起光の波長よりもエネルギーが低い長波長となる。この励起光波長と蛍光波長の差をストークスシフトと呼ぶ。

【観察原理】

　ストークスシフトにより励起光と蛍光の波長が異なるため，適当なフィルタを用いることで，励起光による背景光をシャットアウトして蛍光だけを観察することができる。**図8.2**に代表的な蛍光観察のセットアップを示すが，励起フィルタ，吸収フィルタ，ダイクロイックミラー（特定の波長光のみを反射する鏡）を組み合わせることにより，任意の励起波長と蛍光波長の選択が可能となる。一般に，蛍光色素に合わせて**図8.3**に示すようなフィルタとダイクロイックミラーがセットになったダイクロイック

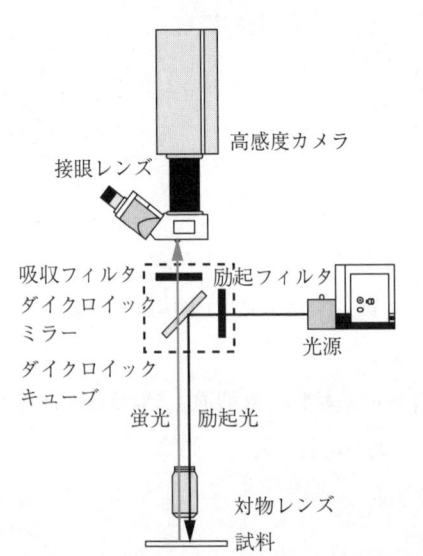

図8.2　蛍光顕微鏡の基本セットアップ

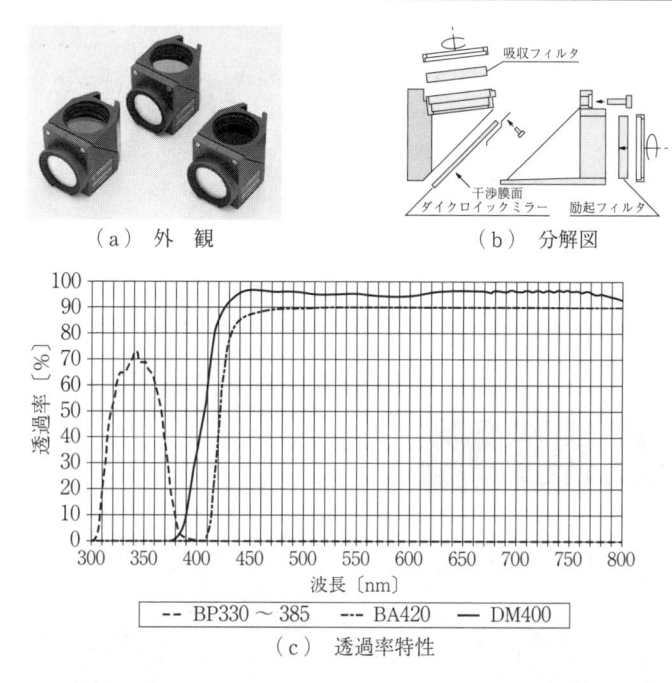

(a) 外観 (b) 分解図
(c) 透過率特性
-- BP330～385　--- BA420　― DM400

図8.3　ダイクロイックキューブ（提供：オリンパス(株)）

キューブが用意されている。

【一分子観察】

　エバネッセント光や表面プラズモンなどの照明方法を利用した蛍光観察ではバックグラウンドを限りなく低く抑えることができるため，わずか1蛍光分子からの蛍光を検出することもできる。

【励起時間】

　蛍光は，励起から発光および消光が非常に早いため（1μs～1ms），高い時間分解能での測定が可能という特徴も持つ。ただし，励起し続けると，酸化などにより蛍光分子が退色してしまうため，定量的な測定の場合は十分注意が必要となる。

■　**試料の準備方法**

① 　細胞組織，細菌，タンパク質，DNAなどの生体試料ではあらかじめ

蛍光色素を反応結合させる必要がある。

② 高分子材料や蛍光材料など自家蛍光を発する試料はそのまま観察可能。

■ データの見方・事例紹介

【同時多波長観察】

図8.4（a）に示すようにフィルタやダイクロイックミラーの特性により，同時に多波長（多色）での観察も可能である。また図（b）のような位相差観察や微分干渉観察との同時観察もよく行われる（**口絵**2参照）。

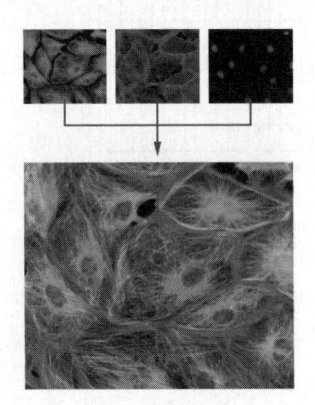

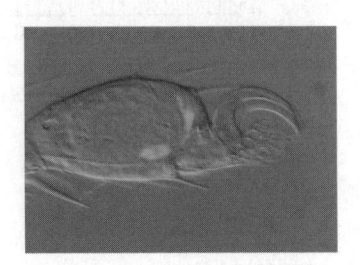

（a）多色同時観察　　　　　（b）微分干渉との同時観察

図8.4　同時観察例（提供：オリンパス(株)）

【蛍光物質の観察】

図8.5に半導体表面に残ったレジストの残滓を検出した例を示す。高分子材料や有機ELなど自家蛍光を発する物質の検出に適用できる（**口絵**3参照）。

8. 蛍光顕微鏡　47

レジストの残りかす

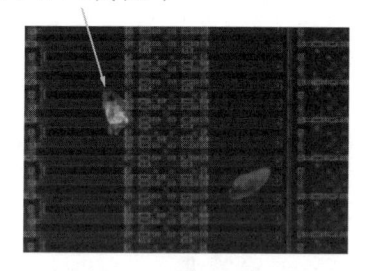

図 8.5　半導体デバイスの蛍光観察例

■　**特徴，ノウハウ，オプション**
- 光学分解能以下の分解能で構造を可視化できる．ただしあくまで輝点の位置が特定できるだけであり，光学的に結像しているわけではない．特定のタンパク質だけを可視化するなどして，ある特定のターゲット分子を特異的に検出することもできる．このような高空間分解能によって生体中の1分子の動態を観察可能であるため，現在の生物学における必須のツールとなっている．
- 多色染色することで，多数のターゲットの同時可視化も可能である．温度依存性，pH 依存性，イオン濃度依存性の蛍光色素を使うことにより，微小環境におけるこれらの物理量の定量的測定が可能である．
- 光源には水銀ランプを使う場合が多いが，光源の安定性や励起波長によってはハロゲンランプを使う場合もある．最近では LED を光源とした光源もある．微弱な蛍光画像を取得するには，ICCD（intensified CCD：CCD の前面にイメージインテンシファイアを置き入力光を倍増させたもの），EMCCD（electron multiplying CCD：CCD で検出した光電子を，ゲインレジスタにより増幅させる超高感度 CCD 検出器）などの超高感度カメラが必要となり，1蛍光分子からの蛍光を撮像することも可能である．

■　**参考文献**
なし

9. 位相差顕微鏡
(Phase Contrast Microscope)

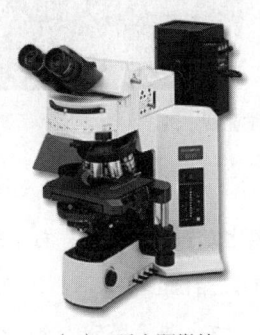

（a）正立顕微鏡 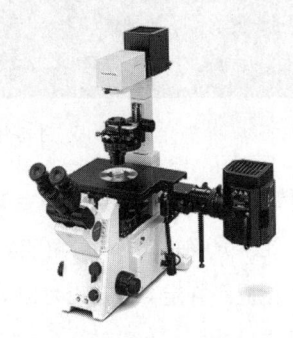　　　　（b）倒立顕微鏡

図9.1　位相差顕微鏡の外観（光学顕微鏡と同じ）(提供：オリンパス(株))

■ **用途**
- 可視光による試料内部の高倍率観察
- 細胞や細菌観察など透明位相物体の透明位相物体（周囲と屈折率が異なるため透明であるが通過すると位相が変化する物体）の高倍率・高コントラスト観察
- 大気中，真空中または溶液中での観察

■ **得られるデータ**
- 透明な試料の内部構造の高倍率画像
- 最高倍率1 000～1 500倍。分解能200 nm程度。

■ **分析できる試料**
- 透明な材料。屈折率の異なる材料で構成された構造。
- 主に細胞や細菌などの微生物
- $\lambda/1\,000 \sim \lambda/2$程度の位相差を生じる微細構造の観察に適する。
- 同一の試料を繰り返し観察できる。

9. 位相差顕微鏡

■ 原理

【観察原理】

ある透明な媒質の中にきわめてわずかに屈折率が異なる微細構造がある場合，通常の光学顕微鏡ではこれを見ることができないが，位相差顕微鏡はそのわずかな屈折率の違いを明暗のコントラストに変換して可視化することができる。基本的には以下三つの光学的ステップにより屈折率をコントラストに変換している。

（1） 観察光を回折光と直接光に分解する。
（2） 直接光だけ位相をずらしつつ（±$\lambda/4$），強度を下げる。
（3） 直接光と回折光を干渉させてコントラストをつける。

【結像】

図 9.2（a）に示すように，顕微鏡の像は大きく分けて二つの光から形成される。一つめは試料の構造に影響されずに通過してくる直接光（0次回折光），二つめは試料により回折されて試料の情報を含んでいる回折光

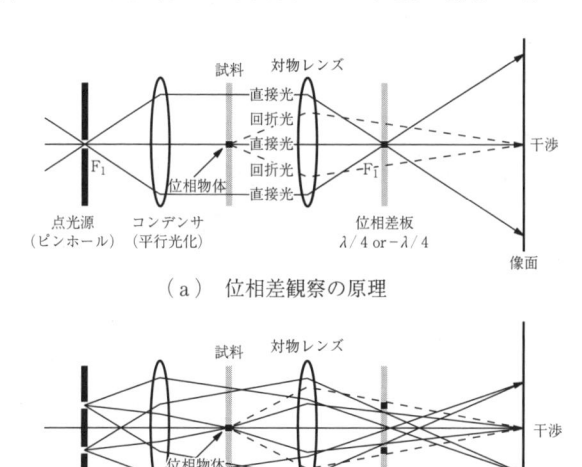

（a） 位相差観察の原理

（b） 実際の構成

図 9.2　位相差顕微鏡の原理

(1次回折光)である。これら二つの光が像面で干渉することによって像が造られる。

【位相差】

位相差顕微鏡では，図(a)のように対物レンズの後ろ側焦点面に，収束した直接光だけが通るように位相板(位相を特定量ずらす)を置き，$\lambda/4$ または $-\lambda/4$ だけ位相をずらす。その結果，像面では直接光と回折光が干渉し合い，明暗のコントラストが得られる。コントラストの向上のためには0次光を1次光に近い強度まで減光して，両者の干渉光の鮮明度を向上させる必要がある。このとき，点光源(ピンホール)を用いると0次光と±1次光の重なりが大きく，0次光のみを減光することが難しいので，図(b)のように輪帯照明(リング絞り)を用いて重なりを小さくしている。このため，位相差顕微鏡の対物レンズを瞳からのぞくと，黒いリング状の減光位相板を見ることができる。

■ 試料の準備方法

特に前処理は必要ない

■ データの見方・事例紹介

【位相差観察の例】

図9.3に，同じサンプルを通常の透過光と位相差で観察した写真を示す。図を見て明らかなように，通常の透過光では違いがほとんどわからない透明な細胞内部が，位相差観察では内部構造のわずかな屈折率の違いが

　(a)　通常の透過光観察　　　(b)　位相差観察

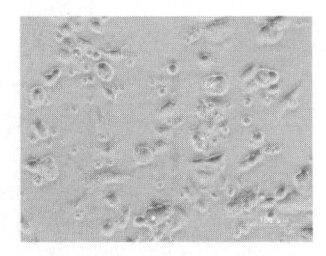

図9.3　位相差観察の効果

コントラストに変換され，微細な構造も可視化されていることがわかる。回折光の強度は位相差量に依存する。ハロー（光の隈どり）を最小化するための位相差量に応じた対物レンズが用意されているので，位相差が小さい場合は実際に付け替えながら最適なものを選択する必要がある。

■ 特徴，ノウハウ，オプション

- 位相板とリング絞りの光軸調整ができていないと位相差像が観察できない。微小な位相差（ほとんど透明）を検出するように設計されているため，厚い試料や位相差の大きすぎる試料の観察には向かない。
- 位相差顕微鏡の像は物体の周囲にハローを伴っており，これがコントラストを上げて暗い視野の中での視認性を上げている。しかし，厚みのある試料では逆にハローが過剰となり解像度が低下する傾向がある。
- 微分干渉とは異なり偏光の影響を受けにくいので，プラスチックの容器など偏光特性を持つ材料を介した観察も可能であり，培養細胞観察などではよく用いられる。
- 位相差顕微鏡の問題点として，原理上の問題から照明光の一部しか観察に利用できないことが挙げられる。このため観察される像は暗い。この問題に対処するため照明光源には強力なものが必要となる。
- 位相差顕微鏡では被写界深度外（ピントの範囲外）の試料にも強いコントラストが付くため，目的物以外が含まれる雑多な試料の観察には向かない。
- 位相差顕微鏡と微分干渉顕微鏡との比較は微分干渉顕微鏡（10章）のページを参照のこと。

■ 参考文献

なし

10. 微分干渉顕微鏡
（Differential Interference Contrast Microscope：DIC）

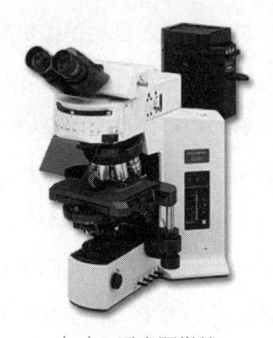

（a）正立顕微鏡 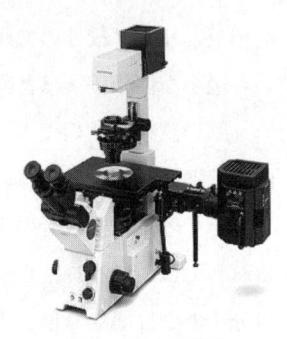　　　　　（b）倒立顕微鏡

図 10.1　微分干渉顕微鏡の外観
（提供：オリンパス(株)）

■ **用途**
- 可視光による試料内部の高倍率観察
- 細胞や細菌観察など透明位相物体（透明であるが周囲と屈折率が異なるため光が通過すると位相が変化する物体）の観察
- 微小なきずの検出
- 大気中，真空中または溶液中での観察

■ **得られるデータ**
- 透明な試料の内部構造の高倍率画像
- 反射型観察の場合，工業製品などの表面の微小凹凸
- 最高倍率 1 000 〜 1 500 倍，分解能 200 nm 程度

■ **分析できる試料**
- 主に細胞や細菌などの微生物の観察に用いる。
- $\lambda/1\,000 \sim \lambda/2$ 程度の位相差を生じる微細構造の観察に適する。

- 透過型観察の場合，透明で内部に屈折率の異なる構造を含むような透明材料。生体試料観察では多くの場合がこのタイプである。
- 反射型観察の場合，表面に微小な傷や凹凸がある不透明な試験片が適する。
- 同一の試料を繰り返し観察できる。

原理

【装置構成】

微分干渉観察は，図10.2に示すように，照明光をたがいに直交する二つの直線偏光の光に分割し，試料のわずかに異なる2点を通過させた後，再び合成することで，2点間の位相の傾き（これが微分という名称の所以である）をコントラストに変換して位相物体を立体的に見えるようにした観察法である。通常の光学顕微鏡に，ポラライザ（偏光子）とアナライザ（検光子）と呼ばれる二つの偏光板（名前が違うだけで物は同じ）をそれぞれ対物レンズの入射側と出射側に配置し，さらに共役レンズ系を構成するコンデンサレンズの前焦点位置と対物レンズの後焦点位置にノマルスキープリズム（偏光を2方向に分割するプリズム）を配置した構成となっている。

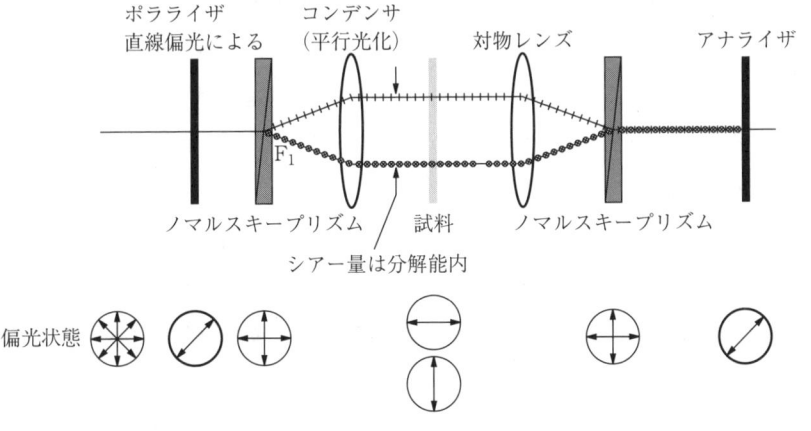

図10.2 微分干渉顕微鏡の構造

10. 微分干渉顕微鏡

【観察原理】

　光源からの光はポラライザで直線偏光に変換し，ノマルスキープリズムに入射する。このとき，ポラライザの偏光方向をノマルスキープリズムの光学軸に対して45°に傾けた配置にすると，入射光はノマルスキープリズムで強度が等しく，たがいに直交した偏光の二つの光に分解され，コンデンサレンズによって平行光となって試料を通過する。この二つの光は試料を透過した後，対物レンズの後焦点面に集光される。ここでもう一つのノマルスキープリズムを透過することによって，二つに分けられた光線が再び一つに合成される。ただし，偏光面がたがいに直交しているため，この時点で干渉は生じない。そこでアナライザ（検光子）をポラライザ（偏光子）と垂直な方向に置くと，二つの光は合成されて干渉が生じる。試料が何もないときの像は暗黒となる。

【光路差】

　実際に厚さや屈折率が異なる試料を観察する場合，試料を透過する二つの光線はわずかに場所がずれているため，その透過した2点の屈折率差や厚さに応じた光路差を持つことになる。これらの光を干渉させると，試料のない所とある所を通った光，あるいは試料の厚い部分と薄い部分を通った光との間に，光路差によって生じる明暗や色の変化が生じることになる（変化していない部分は暗黒）。このときに生じている位相差は非常に小さく，波長λの1/4を超えることは一般的な用途ではほとんどないため，干渉効果が有効に作用する。

【シアー量】

　ノマルスキープリズムで分離する二つの光線の間隔（シアー量）は，あまり大きすぎると像が2重に見えてしまうため，光学顕微鏡の分解能以下（< 200 nm）にする。サンプルに応じてシアー量の異なるノマルスキープリズムがいくつか用意されている。通常，薄い試料でコントラストを重視する場合はシアー量を大きくし，分解能を重視する場合はシアー量を小さめにとる。このようなシアー量の違いよる結像の違いを**図 10.3**に示す。

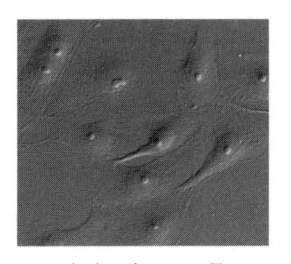

10. 微分干渉顕微鏡　　55

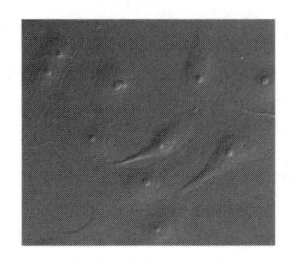

（a）高シアー量　　　　（b）低シアー量

図 10.3　シアー量の微分干渉像への影響（提供：オリンパス(株)）

【異方性】

　微分干渉顕微鏡では二つの光線に分離するため異方性を持ち，観察像に方向性を持つので観察方向を考慮する必要がある。同じく位相物体を可視化する位相差顕微鏡と異なり，ハロー（光の隈どり）は生じず，大きな屈折率変化の境界でも微細構造を可視化できる。

■　試料の準備方法

① 　ガラスの容器，スライドガラス等に試料を載せ観察する。
② 　プラスチック製の容器に試料を入れると観察できない。

■　データの見方・事例紹介

【微分干渉顕微鏡と位相差顕微鏡の比較】

　図 10.4 に微分干渉顕微鏡と位相差顕微鏡の見え方の違いの実例を示す。どちらの顕微鏡も試料のコントラストを強調して観察可能な点は同じである。微分干渉顕微鏡では厚みや屈折率の変化量によって影が付くのに

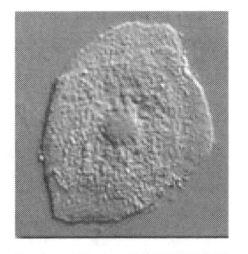

（a）微分干渉顕微鏡像　　　　（b）位相差顕微鏡像

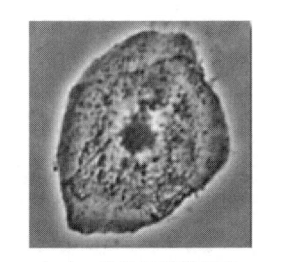

図 10.4　微分干渉顕微鏡と位相差顕微鏡の見え方の違い

対して，位相差顕微鏡ではおおよそ試料の厚みに応じた濃淡が付く．したがって，位相差顕微鏡では試料全体のコントラストが強まるのに対し，微分干渉顕微鏡では物体の輪郭のみが強調される．

■ **特徴，ノウハウ，オプション**

- 微分効果によって位相物体の屈折率が変化する部分が立体的に見え，コントラスト良く観察できるが，定量性はない．
- 焦点深度が浅いため，厚い試料でも観察面のスライス画像をコントラスト良く観察することができる．
- 微分干渉顕微鏡の場合もポラライザおよびアナライザによる減光は避けられないが，位相差顕微鏡ほどには光量は失われず，比較的明るい視野を保つ．
- 微分干渉顕微鏡は，ポリスチレンのような合成樹脂の容器に入っている試料の観察には向かない．多くの合成樹脂は程度の差こそあれ偏光特性があり，これが光路内に入ると偏光の振動面が撹乱されるためである．ゆえに，ガラス製の容器やスライドガラスを使わなければならない．

表10.1 微分干渉顕微鏡と位相差顕微鏡の違い

	微分干渉顕微鏡	位相差顕微鏡
像の特徴	ハローがない． 検出感度が高いが方向性がある． 位相差量が大きくても観察できる． 立体的な陰影の付いた明るい像．	背景は暗く，試料がハローを伴う． 検出感度に方向性がない． 位相差量が大きくなると観察できない． リング絞りと位相リングの位置合わせが必要．
コントラスト	光学的厚さの傾きを反映． 濃淡だけでなく色も変化． ポラライザの回転によって調整．	光学的厚さを反映． 位相差に応じた対物レンズを選択．
標本	微細構造から大きな構造まで． ＜数百 μm	微細構造． ＜10 μm 程度まで
その他	プラスチック容器は使えない．	プラスチック容器内の観察が可能．

■ **参考文献**

なし

11. 共焦点レーザ顕微鏡

(Laser Scanning Microscope：LSM)

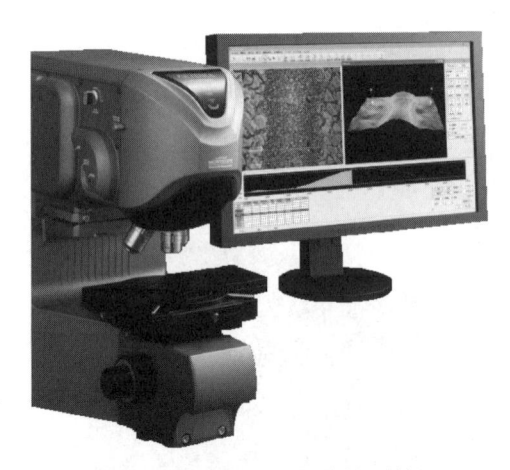

図 11.1 共焦点レーザ顕微鏡の外観

■ **用途**
- レーザ光による試料表面凹凸の測定，観察
- 大気中での測定

■ **得られるデータ**
- 試料表面凹凸の三次元画像
- 三次元データおよび表面寸法
- 試料表面のカラー立体画像
- 測定範囲は 10 mm 角〜15 μm 角
- 最高倍率は 5 000 倍程度。XY 面内分解能は最大 120〜250 nm。高さ分解能は 0.001〜0.1 μm。

■ **分析できる材料**
- 金属，プラスチック，セラミックス，生体材料など

11. 共焦点レーザ顕微鏡

- 観察に適した試料寸法：ステージに載る寸法なら観察可能。
- レーザ光が反射されない急峻な試料の側面やアスペクト比（深さ／直径）の大きい穴の底面，レーザ光を吸収する材料の観察は困難。
- 同一の試料を繰り返し観察できる。

■ 原理

【構造】

　レーザ顕微鏡は，レーザを試験片表面上を走査しながら照射し，反射光により表面高さを測定し，三次元形状データを取得する。図11.2に構造の一例を示す。

図11.2　原　理　図

【レーザ光】

　レーザ光源から出たレーザ光はXY走査光学系を通り，対物レンズを通して試料表面に照射される。試料からの反射光は再び対物レンズに入り，ハーフミラーで集光レンズに導入され，受光素子で検出される。

【共焦点系】

この経路の途中にピンホールが挿入されており共焦点光学系（いわば焦点深度が非常に浅い顕微鏡）を構成しているため，試料表面の焦点の合った高さの部分のみの反射光が受光素子で検出される。レーザ光で試料表面を走査することで，試料表面全体で焦点に合っている部分の画像データをコンピュータに記録する。

【Z 方向への走査】

対物レンズの焦点の位置を少しZ軸方向に少しずらし，同様にその焦点位置（高さ）の画像データを記録する。この操作を，焦点位置の高いところから低いところまで繰り返し，試料表面全体での画像データを積み重ねることにより超深度画像（観察範囲のすべてにピントが合った焦点深度が深い画像のこと）を合成する。またそれを高さデータとして表示することにより三次元形状が得られる。なお最も高さの高い位置（Z座標）と低い位置をあらかじめ設定し，その範囲内を高さごとに分割し，Z方向にスキャンする。このZ方向スキャンの分割寸法が高さデータの分解能になる。

【色情報】

レーザと同時に白色光を照射し，CCD カメラにより試料表面の色情報を取得する。それを合成することにより"カラー超深度画像"を作成する。

■ 試料の準備方法

通常の光学顕微鏡・金属顕微鏡と同じ。ほとんどの場合前処理なしで観察できる。

■ データの見方，事例紹介

【超深度画像】

図 11.3 にカラー超深度画像の例を示す。通常の光学式顕微鏡では焦点深度が限られているため，凹凸のある試料を観察するとき，すべての位置で焦点を合わすことはできず，一部ピンボケが生じるのが普通である。ところがレーザ顕微鏡ではそれぞれの高さにおける画像データを合成しているため，一般の光学式顕微鏡では観察不可能な，すべての点でピントが

図 11.3　カラー超深度画像の例

合った超深度画像が得られる。

【断面プロファイル】

　表面の三次元形状がディジタルデータとして得られるので，画像処理ソフトを用いることによりさまざまな形で表示でき，またそこからさまざまな数値データが計測できる。**図 11.4** に画像上で指定した位置の断面プロファイルを表示した例を示す。このように三次元データをもとに，任意の位置の断面プロファイル，高さ，画像内での距離，寸法，面積，粗さなど求めることができる。

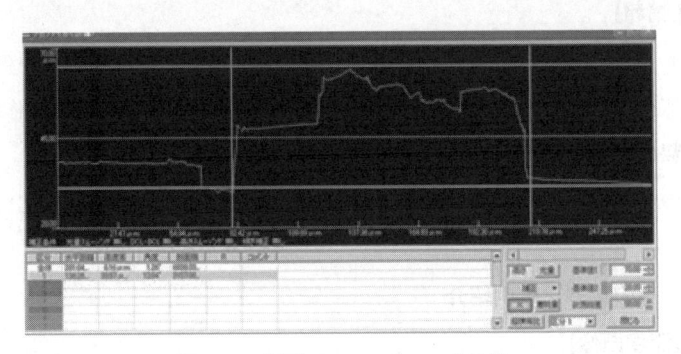

図 11.4　断面プロファイルの表示例

【三次元画像】

　図 11.5 に表面の凹凸を拡大し三次元形状を表示した例を示す（**口絵 4** 参照）。図（a）はカラー画像，図（b）は高さ分布図をカラーで表示し

11. 共焦点レーザ顕微鏡   61

（a）カラー画像　　　　　　　（b）高さをカラーで表示した図

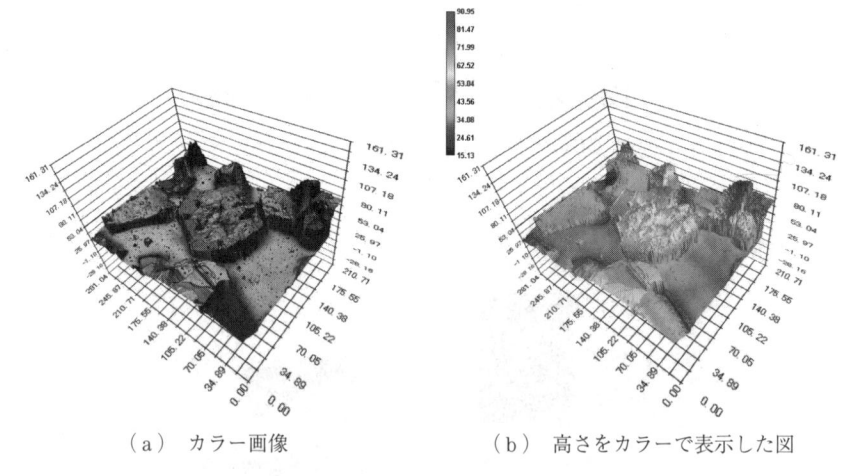

図11.5　表面凹凸の三次元表示例

たものである。高さ方向の倍率を拡大することにより，表面の立体構造を直感的に示すことができる。

■ **特徴，ノウハウ，オプション**
- 凹凸のある面でもすべての位置で焦点のあった超深度画像が得られる。
- 画像処理を併用するため通常の光学顕微鏡より高倍率が得られる。
- 一画面を測定するのに，あらかじめZ方向の測定範囲（最も高いZ座標と最も低いZ座標）を設定する必要がある。これが不適当だと，部分的なデータの欠落や，Z方向の分解能が低くなるなどの問題が生じる。
- レーザを吸収する材料は測定できない。
- 表面の傾きが大きい部分では反射したレーザがレンズに戻らないため，測定できない。基本的にはレンズの倍率が高いほど傾きが大きくても測定が可能になる。

■ **参考文献**
なし

12. 超高精度三次元測定機
(Ultra Accuracy 3-D Profilometer)

図 12.1 超高精度三次元測定機（UA3P）の外観
（提供：パナソニック（株））

■ **用途**
- 探針による試料表面凹凸の測定
- 大気中での測定

■ **得られるデータ**
- 試料表面凹凸の三次元画像
- 三次元形状データ，および粗さデータ
- 測定範囲は，最大で 200 mm × 200 mm × 45 mm（機種により異なる）
- 形状精度は，最高精度 10 nm，最大傾斜角 75°
- レンズ間の傾き・偏心評価データ
- さまざまな材料，種々の表面状態について計測可能

■ **分析できる試料**
- ほとんどのすべての固体試験片

・ 同一の試料を繰り返し観察できる。

■ 原理

【装置構成】

本装置は**図 12.2** に示すように原子間力プローブ（探針）とレーザ変位計により測定物の表面形状を測定するものである。**図 12.3** に示すように，この原子間力プローブが Z 軸ステージに取り付けられており，測定時は，測定物とプローブ間に働く原子間力が一定（0.15 〜 0.30 mN）となるよ

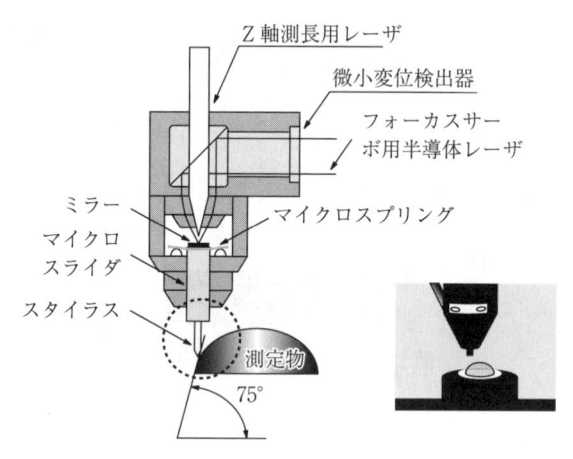

図 12.2 原子間力プローブの原理

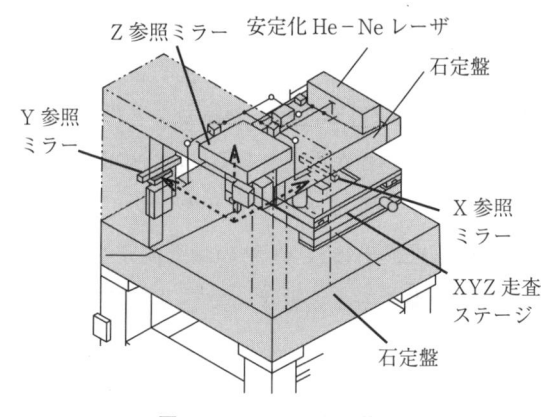

図 12.3 UA3P の装置構成

うに，Z軸を制御しながらXYステージでXY方向に走査し，XYおよびZステージの変位量をレーザ干渉計で測定することで，対象物の三次元形状を測定する．

【XYZ座標】

図12.4に示すように，XYZの平面ミラーにて座標軸を構成し，測定軸上で測長することによりアッベ原理の第一次誤差が最小になるように構成されている．

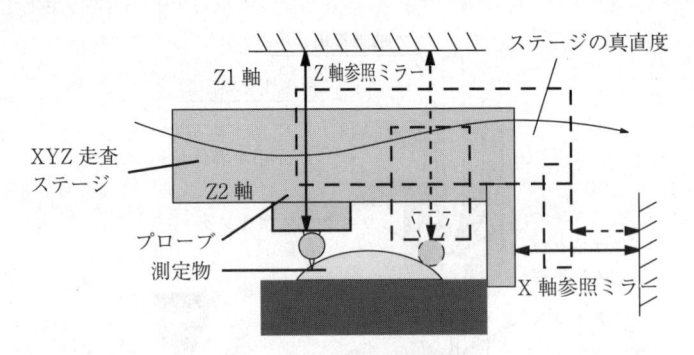

図12.4　X-Z座標系の構成図

■　試料の準備方法

　　特に必要ない．

■　データの見方，事例紹介

【形状測定，粗さ測定】

　　あらかじめ入力された設計図から，測定したXYZ座標データを三次元的にフィッティングし，誤差が最小となる位置での測定座標と設計式との差を評価する．図12.5と図12.6に軸対象形状のレンズを測定した例を示す．図12.5では頂点検出後にXY軸の軸上測定を行ったものである．図12.6は平面内を走査することによって三次元データを求めた例である．

【ピッチ間測定】

　　レンズアレイのようなウェーハ上に形成されたレンズでは，図12.7の

12. 超高精度三次元測定機　　65

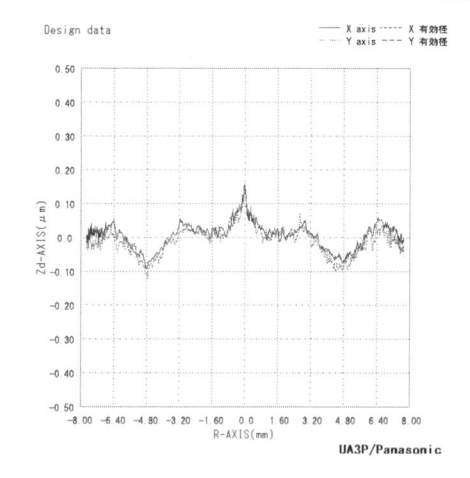

図 12.5　レンズ表面の二次元測定の例

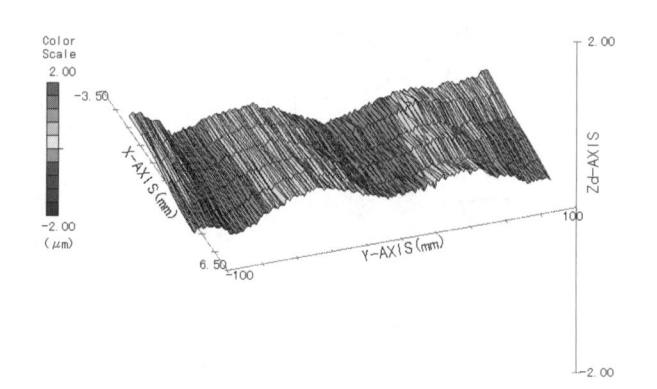

図 12.6　レンズ表面の三次元測定の例

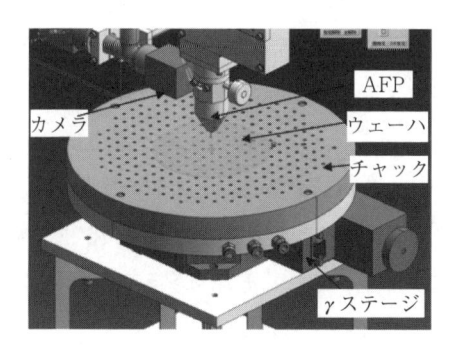

図 12.7　ウェーハ上のレンズアレイ測定例

ようにγステージ上のウェーハチャックに吸着させて，認識カメラによりアライメント調整用のマークやレンズを認識し，Z軸回りの回転ずれを制御し，ウェーハ上のレンズを測定することで，各レンズの形状やレンズ間ピッチなどを評価することができる。

【レンズ間傾き・偏心測定】

　光学式の偏心評価方法では外径基準での測定になるが，本装置で特定の治具上にある3球とレンズの形状を測定しデータを合成することにより，**図12.8**に示すようにレンズ光軸基準でのレンズ間の傾き・偏心測定を行うことができる。この評価方法により，傾きと偏心の数値を分離することができる。

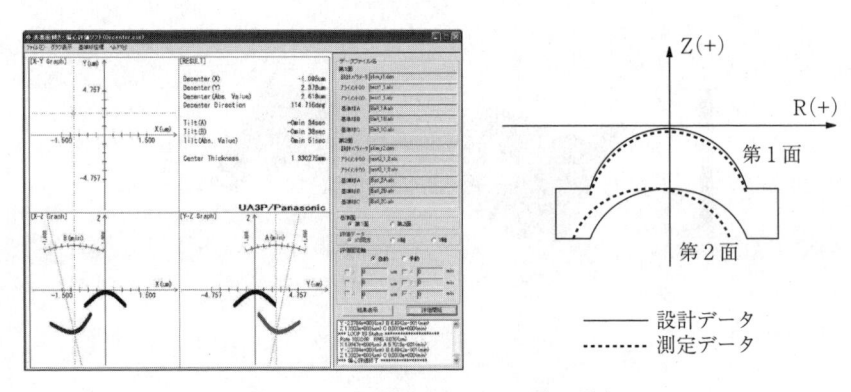

図12.8　レンズ間傾き・偏心測定の場合

■　**特徴，ノウハウ，オプション**

・　スタイラス（プローブ先端の針）は先端半径500 μmおよび250 μmのルビースタイラスと，先端半径2 μmのダイヤモンドスタイラスがあり，モバイルレンズなどの小径レンズや粗さ評価形状を評価する場合は，先端半径が小さいダイヤモンドスタイラスを用いる。

・　本測定器は，測定物の傾斜角度が0°から75°までの任意方向の傾斜面まで走査測定が可能である。それを超える高傾斜の場合，**図12.9**のように傾斜させた高傾斜測定治具を用い，データを重ね合わせることで

12. 超高精度三次元測定機

図 12.9 高傾斜測定治具を用いて金型部品を測定している様子

89°まで測定可能である。
- 被測定物の形状（自由曲面など）を使用者が自由に定義できる機能を有しており，コンピュータプログラミングできる形状であれば，フレネルレンズなどのように，領域ごとに異なる設計式を有する測定物も評価が可能．
- 原子間力はあらゆる物質の間に働くため，測定表面の状態（反射率や導電性など）によらず測定が可能である．
- 被測定物が加工直後のアルミの場合，スタイラスにルビースタイラスを使用するとルビースタイラスにアルミ粉末が付着することがある．測定前に測定物表面をよくクリーニングする必要がある．
- 被測定物（レンズや金型など）は治具に固定して設置するのが望ましい．治具がない場合，基本的に置くだけで測定可能だが，小径レンズや座りの悪い測定物はレッドワックス（粘土でも良い）などで固定して測定する．両面テープの上にレンズを固定して測定すると，測定データが影響を受けることがある．
- 測定物表面にほこりなどが付着している場合は，測定データに再現性のない凹凸がのることがあるので，測定表面をクリーニングペーパーなどでクリーニングする必要がある．

・ 測定物（主としてレンズ）が帯電している場合も，測定データに再現性のない凹凸がのることがあるため，この場合はあらかじめ除電して測定すること．

■ 参考文献

1) 吉住恵一：超高精度三次元測定機 UA3P による自由曲面の測定，光アライアンス，日本工業出版，**19**, 10, pp.32-37（2008）
2) 半田宏治：光学部品加工における測定・評価方法について，砥粒加工学会誌，**50**, 10, pp.579-582（2006）
3) 光学実務資料集～各種応用展開を見据えて～，情報機構（2006）
4) 深津拡也：現場で役立つモノづくりのための精密測定，日刊工業新聞社（2007）

13. 走査型白色干渉計

(Scanning White Light Interferometer：SWLI)

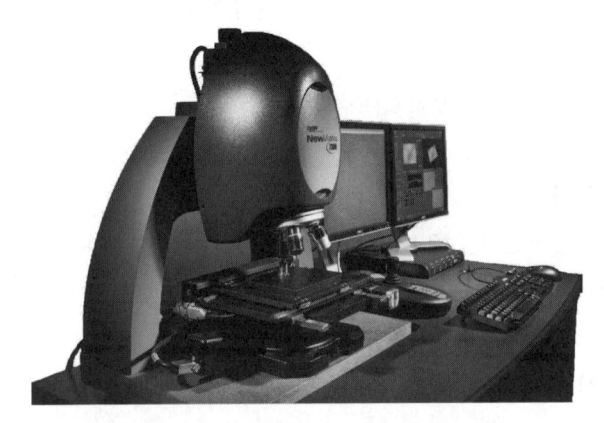

図 13.1　走査型白色干渉計の外観

■ **用途**
- 可視光による試料表面凹凸の測定
- 大気中での測定

■ **得られるデータ**
- 試料表面凹凸の三次元画像
- 粗さパラメータ（Rz, Ra, Rq, Rsk, Rku など），サイズ，曲率半径，傾き量，指定ポイント間の幅・高低差・角度など
- 高さ分布を表す三次元マップ
- 三次元マップの任意の場所の断面形状を表した断面形状グラフ
- 対物レンズで観察した試料の顕微鏡画像
- 各点の傾き量を計算し，研磨スジを目立たせるように表現した微分干渉像。
- 空間周波数ごとの振幅成分を表すパワースペクトラム

13. 走査型白色干渉計

■ **分析できる試料**

- 金属，樹脂，フィルム，ガラス，ウェーハ，紙等，光が0.1%以上反射する固体。
- 観察に適した試料寸法は最大数十cm角程度が目安。
- 測定範囲は倍率により数十um～十数mm（データつなぎ合わせて100 mm程度まで可能）
- 同一の試料を繰り返し観察できる。

■ **原理**

【基本原理】

白色干渉計とは，**図13.2**に示すように白色光を照射して光路中で光を参照面と試料面の2方向に分離し，それぞれの反射光を干渉させることにより生じる干渉縞を利用する測定機である。

【干渉計】

干渉計には，**図13.3**に示すように主にミラウ型やマイケルソン型がある。ミラウ型はビームスプリッタで二方向に分離した光の光軸が同一，マイケルソン型は分離した光の光軸が異なる，という違いがある。白色光を用いた干渉計の干渉縞は複数の単色波長の干渉縞の合成と考えられ，周期の異なる各波長における干渉縞が同じ位相となるポイント，つまり参照面と試料面とが等距離になる位置で最大の光強度を持ち，そのポイントから

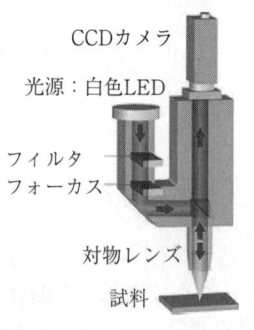

図13.2 白色干渉計の原理図

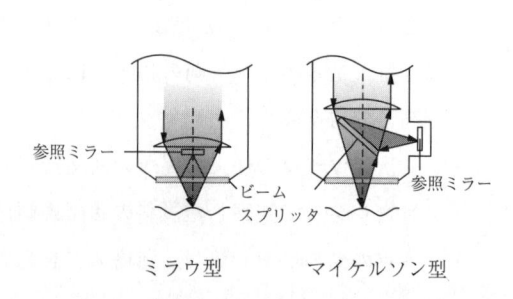

図13.3 干渉計の構造

離れるに従い縞の明暗が薄くなる干渉縞となる。つまり，干渉縞の最大光強度箇所は試料面の等高線となる。走査型白色干渉計では，この干渉縞を利用して三次元測定を行うために，走査型白色干渉法を採用している。走査型白色干渉法とは，試料面に対応する CCD 各画素において，「干渉縞の輝度が最大になる位置を干渉計の垂直走査（スキャン）により検出し，その位置情報を高さに変換」する手法である。

【対物レンズ】

図 13.4 のように対物レンズをピエゾ素子やモータ等により試料の高いところから低いところまでカバーできる範囲で垂直に動かす（等高線である干渉縞が動く）ことで，測定範囲全体に干渉縞を表示させることができる。その干渉縞の明暗変動をピエゾ素子やモータ等の移動距離（高さ位置）とリンクして CCD カメラによりサンプリングして計測・記録し，各画素における干渉縞の最大光強度位置を高さ量として出力する。図 13.5 に対物レンズと試料の例を示す。

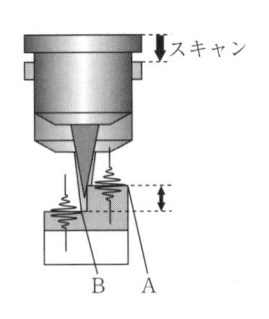

図 13.4　対物レンズのスキャン　　図 13.5　対物レンズ

【計測精度】

　光強度位置を取得するために用いる干渉縞の明暗 1 周期は波長により定まるため，対物レンズのフォーカス深度や倍率に依存せず同じ分解能を得ることができることが特徴である。変換される高さ量はピエゾ素子やモータ等による移動距離内の相対位置であるため，出力される測定結果は絶対

値ではなく相対値となる。このようにして，走査型白色干渉計では垂直走査して得られた干渉縞の輝度から試料面の高低差を算出し，高低差データをグラフィカルに表現した三次元マップを生成する。

【データ処理】

走査型白色干渉計は波長で決まっている干渉縞の移動量を高さ量に変換するため，非常に安定した高精度計測が可能である。前述の光強度に加え，CCD各画素間の位相差を計算するソフトウェアを利用することで，高さ分解能を 0.1 nm の高分解能測定が可能になる。

■ **試料の準備方法**

① 基本的には前処理なしでそのまま観察できるが，十分にクリーニングしておく。

② 透明薄膜がコートされた材料の場合には，試料のコート表面と界面からの光の多重反射を防止するため，表面に金やカーボン膜で薄くコーティングする。

③ 濡れている場合は，十分に乾燥させた後，試料台に載せる。測定箇所は素手で触らないこと。

④ 薄いもの，反っているものは，動かないよう重りや吸着ステージ等で固定する。

■ **データの見方，事例紹介**

【観察画像例】

図 13.6 に観察画像例を示す。走査型白色干渉計は視野内の CCD 画素ごとに光の強度情報とともに高さ情報を取得する。そのため保存されるデータは顕微鏡としての試料表面写真と，三次元形状となる。測定データの分析においては，三次元形状のほか，三次元形状内の任意の断面形状や各種の粗さパラメータを評価できる。

【データ分析】

データ分析用のソフトウェアは，特定の形状を除去するため，粗さを分析するため，データの見栄えを良くするために，各種のフィルタやスパイ

13. 走査型白色干渉計　　73

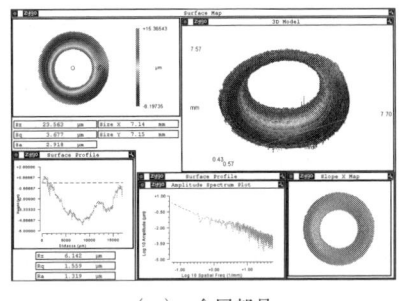

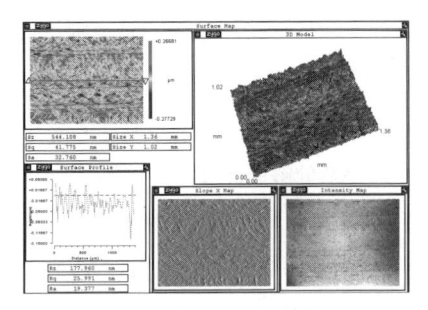

（a）金属部品　　　　　　　　　　（b）切削加工面

図13.6　観察画像例

ク除去，欠損データの穴埋め機能を有する．必要に応じて，目的とする結果を得るために各種の設定を行い，測定データを後処理する．データ分析ソフトウェアを用いることにより，粗さパラメータ（Rz, Ra, Rq, Rsk, Rku など，三次元パラメータは二次元パラメータと区別するため Sz, Sa, Sq と表現する場合がある），サイズ，曲率半径，傾き量，指定ポイント間の幅・高低差・角度などが得られる．

【画像データ】

画像データとして，三次元マップ（一般的に低いところを青，高いところを桃色として表現した高さマップ），断面形状グラフ（三次元マップの任意の場所の断面形状を表したグラフ），顕微鏡像（対物レンズで観察した試料の画像），微分干渉像（各点の傾き量を計算し，研磨スジを目立たせるように表現したマップ），パワースペクトラム（空間周波数ごとの振幅成分のグラフ）が得られる．

■ **特徴，ノウハウ，オプション**

・光学顕微鏡と同様の操作性で，光学顕微鏡では得られない高さや幅の定量的な情報を得られる．

・測定時はピエゾ素子を用いて機械的に高さ方向のみに走査する．一般的に，測定時間は数秒〜十数秒と短時間である．

13. 走査型白色干渉計

- 試料の測定には，前処理ならびに真空環境は不要。大気中の試料台に載せて測定可能。
- 対物レンズの倍率によらず高さ分解能は 0.1 nm 未満である。ただし，XY 分解能は対物レンズの光学的分解能と CCD による画素分解能に依存するため，高さ分解能よりも低い。
- 対物レンズにより観察視野が決まるため，最適なレンズを選択する必要がある。
- 試料内部の情報は得られない。同様に液中の試料の測定は不可能である。
- 外からの振動があると，干渉縞の模様が測定結果に残ってしまう場合がある（縦縞2本なら，横に4周期のサイン波形状等）。その場合には測定時のみ振動源を止めるなどの対策をする必要がある。
- SWLI で取得した干渉強度情報を高さに変換するアルゴリズムはいくつかあるので，装置によっては試料に最適なアルゴリズムをその都度選定する必要がある。
- 対物レンズから見て急傾斜な部分（数十度以上で対物レンズによる）は測定できない。金属の加工側面等を測定したい場合は，試料の角に加工し，数十度傾けられるブロックなどに固定して斜め方向から観察する。
- NA の低い対物レンズ（主に低倍率）では，表面の粗い試料は測定が困難な傾向にある。
- 視野の測定結果をつなぎ合わせることで，数十 cm 角の試料表面を測定することが可能。
- 試料の表面だけでなく，同一点からの複数の反射光を分離して解析することにより，単層透明膜（コーティング）の厚み，界面情報を解析することが可能。
- 画像処理ソフトとの連携により，線幅測定やパターン認識が可能。

- ガラス等の透明窓内に格納された試料表面を測定できる特殊な対物レンズがある。
- 照明，CCDカメラと垂直走査を同期制御することで，周期的に動いている試料（MEMSミラーデバイスなど）の任意の位置（位相）の形状を測定できる装置がある。

■ **参考文献**

1) ZYGO株式会社：三次元光学プロファイラシステムカタログ

14. 位相シフト干渉計
(Phase Shifting Interferometer：PSI)

図14.1 位相シフト干渉計の外観

■ **用途**
- レーザ光による試料表面凹凸の測定
- 光学部品の形状収差の定量化，透過波面評価
- 大気中での測定

■ **得られるデータ**
- 試料表面凹凸の三次元画像
- 試料形状パラメータ，Zernike 収差係数（数値データ）
- 形状パラメータ（PV，rms，Power など），Zernike 収差係数（フォーカス，アス，コマ，球面収差などの37項目），サイズ，曲率半径，傾き量，指定ポイント間の幅・高低差・角度など。
- プロファイル
- 干渉縞画像

14. 位相シフト干渉計

■ 分析できる試料
- 鏡面研磨されたガラス，ミラー，金属・セラミックス等の平面，球面。
- 観察に適した試料寸法は数 mm 〜 φ150 mm 程度が目安。
- 球面の場合は曲率半径によりさらに大きなサイズでも可能な場合あり。前処理は不要。
- 試料にダメージを与えないので，同一の試料を繰り返し観察できる。

■ 原理

【干渉計の基本原理】

　干渉計とは，レーザ光を試料に照射し，原器と呼ばれる参照面からの反射光（参照光）と試料表面からの反射光（測定光）を干渉させることにより生じる干渉縞を利用する測定機である。

【フィゾー型干渉計】

　図 14.2 にフィゾー型干渉計の構造を示す。フィゾー型干渉計では参照光と測定光を同軸上の反射／透過で分割して重ね合わせる非等光路干渉計を構成しており，干渉縞は参照光と測定光の高さの差が波長の半分になるごとに明暗が生じる特性がある。つまりフィゾー型干渉計によって得られる干渉縞とは，原器と比較した場合の試料の等高線を波長の半分（He-Ne レーザであれば 632.8 nm の半分の 316.4 nm）ごとに表示するものである。この現象は，一般的にニュートンリングとしても知られている。

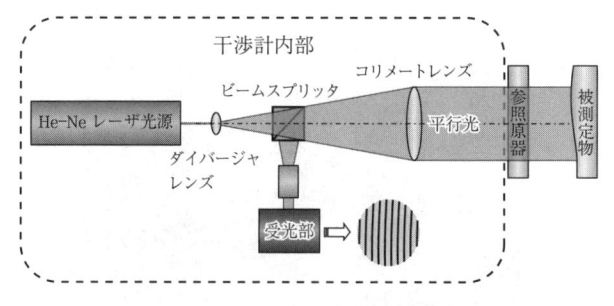

図 14.2　フィゾー型干渉計の構成

14. 位相シフト干渉計

【位相シフト法】

　この干渉縞を利用してさらに分解能を高め三次元測定を行うために，**図14.3**に示す位相シフト法を採用する。位相シフト法とは，干渉縞に明暗1周期の位相シフトを起こさせ，そのときの面内の干渉強度の「位相差の空間的な分布を高さに変換」する手法である。**図14.4**に測定装置の例を示す。

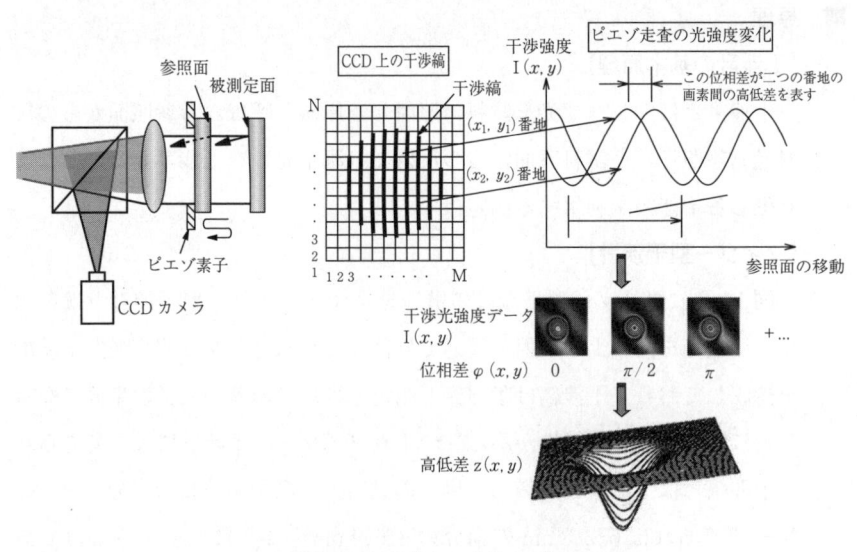

図14.3　位相シフト法の原理

図14.4　測定装置の例

14. 位相シフト干渉計

【データ処理】

　位相シフト法ではピエゾ素子により参照面（原器）を正確に波長の半分だけ移動させることで，干渉縞の明暗1周期の位相シフトを起こすことができる。その干渉縞明暗の変動をCCDカメラによりサンプリングして計測・記録し，各画素間における干渉縞明暗の位相差（ズレ量）を計算する。フィゾー型干渉計では干渉縞明暗の1周期が波長の半分の長さであるため，明暗周期の位相差を長さ量（高さデータ）に変換することが可能である。変換された高さデータは参照面と試料面による干渉縞の各画素間の位相差であるため，出力される測定結果は絶対値ではなく参照面と試料面との相対値（相対的な高低差）となる。このようにして位相シフト干渉計では各画素間の明暗位相差から高低差を算出し，高低差データをグラフィカルに表現した三次元マップを生成する。

【計測の制約】

　画素間の位相差を計算する際の制約として，画素間の高低差が波長の1/4未満であることが必要である。1周期は180°を中心に対称であり，位相差の計算時に0°と360°のどちらからの差が正しい位相差なのかを正確に判断するには，位相差が180°未満である必要がある。1周期360°が波長の1/2であるため180°は波長の1/4である。つまり，画素間の位相差が180°未満，すなわち波長の1/4未満であることが前提となる。この制約を超えた段差のある試料を測定した場合，波長の半分の長さ（180°分）の不確かさが測定結果に内包されるので，注意が必要である。これは，一般的に位相とびと呼ばれる。

【分解能】

　以上の通り，位相シフト干渉計は波長を基準に位相差を長さ量に変換する非常に安定した高精度計測機である。アルゴリズムによっては波長の1/8 000未満（632.8 nmのHe-Neレーザとすると，0.1 nm未満）のような高分解能が得られる。

14. 位相シフト干渉計

■ 試料の準備方法
① 試料はアセトンなどで十分にクリーニングする。
② 濡れている場合は十分に乾燥させる。測定箇所は素手で触らないこと。

■ データの見方，事例紹介
【データの評価】
- 位相シフト干渉計は視野内のCCD画素ごとに光の強度情報と共に高さ情報を計測する。そのため保存されるデータは干渉縞写真と，三次元形状となる。測定データの分析においては，三次元形状のほか，三次元形状内の任意の断面形状や各種の形状，Zernike 収差係数を評価できる。
- データ分析用のソフトウェアは，特定の収差を除去しデータの見栄えを良くするために，各種の収差除去，フィルタリング，スパイク状ノイズ除去，欠損データの穴埋め機能等を有する。必要に応じて，目的とする結果を得るために各種の設定を行い，測定データを後処理する。
- これにより，形状パラメータ（PV，rms，Powerなど），Zernike 収差係数（フォーカス，アス，コマ，球面収差などの37項目），サイズ，曲率半径，傾き量，指定ポイント間の幅・高低差・角度などのデータが得られる。

【画像データ】
画像データとして，図 14.5 のような三次元マップ（一般的に低いところを青，高いところを桃色として表現した高さマップ），断面形状グラフ

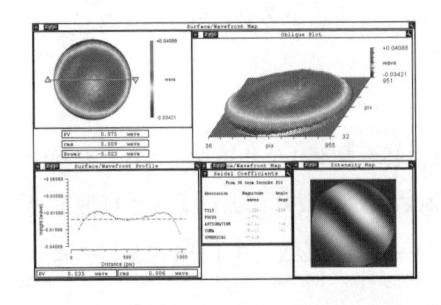

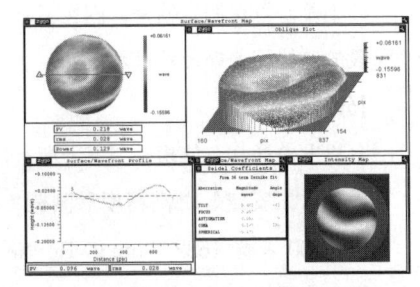

(a) φ100 mm 平面　　　　　(b) φ20 mm 凸面

図 14.5　観察画像例

14. 位相シフト干渉計

（三次元マップの任意の場所の断面形状を表したグラフ），干渉縞画像（測定試料の干渉縞画像）などが得られる。

■ **特徴，ノウハウ，オプション，特徴**
- 広いエリアの形状を高速，高精度に計測可能である。
- 測定時間は，一般的に，1〜2秒程度ときわめて短い。
- 測定環境は，大気中でよい。前処理は不要である。
- 高さ分解能は0.1 nm未満である。ただし，XY分解能はCCDの画素分解能に依存するため，高さ分解能に比べ数桁低い。
- 測定結果の面精度は，原器の面精度に依存する（原器の面精度は一般的にPVで波長の1/10〜1/50である）。
- 球面を測定する場合は，最適な原器を選択することで曲率半径を高精度に測定可能。
- 試料内部の情報は得られない。同様に液中の試料の測定は不可能。
- 測定面積が広いため，気流の乱れの影響を受けやすい。原器とサンプルの間をカバーで覆うことで，気流の乱れによる異常形状の取得や再現性悪化を防ぐことが可能である。
- 振動の影響により，干渉縞の模様が測定結果に残ってしまう場合がある（縦縞2本なら，横に4周期のサイン波形状等）。その場合には測定時のみ振動源を止めるなどの対策をとる必要がある。
- 透明体の平行平板は，裏面に反射防止処理することで測定可能となる。処理の一例としてはジェルやワセリンを塗る方法などがある。
- 大きくひずんでいる試料，鏡面研磨・加工されていない粗い試料は測定できない。また，面内に波長の1/4以上の段差がある場合，位相シフト干渉計ではどちらが高いかを判別できないため，測定できてもその形状の信頼性はない。
- 球面ではキャッツアイ（集光点）とコンフォーカル（試料表面）の2点間の距離を測ることで，曲率半径を計測できる。距離の計測にはエンコーダ型と測長干渉計型の2種類がある。

14. 位相シフト干渉計

- 光源の可干渉性を抑え，干渉計内部のほこりによる干渉ノイズ（つねに同じ位置にある同心円状の干渉縞等）を抑える機構を有する装置がある。
- 非球面の設計情報からの偏差を測定できる装置がある。
- 波長632.8 nmの赤色レーザを使用する機器が多いが，用途別に405 nmや10.6 μmなどの異なる波長のレーザを用いることで，目的に応じた性能を評価することが可能。
- 波長をシフトさせることで位相シフトを起こさせ，波面を測定するシステムを有する装置がある。また，波長シフトによる干渉縞をフーリエ変換して解析することで，平行平板の表裏面，ホモジュニティ（屈折率のムラ）を同時解析することが可能。

■ 参考文献

1）ZYGO株式会社：レーザ干渉計システムカタログ

15. 示差熱天秤

(Thermogravimetry /Differential Thermal Analysis：TG/DTA)

図 15.1　示差熱天秤の外観

■ **用途**

- 試料の熱特性の分析
- 加熱に伴う重量の変化（TG）
- 反応・分解・蒸発・結晶化による吸熱あるいは発熱反応の検出（DTA）
- 大気中もしくは各種雰囲気ガス中での分析

■ **得られるデータ**

- 加熱に伴う試験片の重量の変化（TG）
- 加熱に伴う試験片の吸熱・発熱反応の検出
- 反応・分解・蒸発・結晶化温度の同定
- 試験温度は最高 1 500℃ 程度まで

■ **分析できる試料**

- 通常のセルは白金製なので，白金と反応しないものであれば，たいて

15. 示差熱天秤

いの試料は測定することができる。
- 試料は通常，20 mg 程度の粉末試料が用いられる。
- 分析した際に，分解，反応をした試料を繰り返し測定することはできない。

■ 原理

【構造】

図 15.2 に加熱炉を開いたところを示すが，ガラス管の中に試料室がある。図 15.3 に示差熱天秤の原理図を示すが，試料室の中に熱天秤（TG）にのせた試料セルがあり，支持棒の中間で板バネに固定されている。板バネは天秤支点で支えられ，その反対側にカウンターウェイトがあって，試料セルおよび支持棒の重量と釣り合っている。図 15.4 に試料の例を示す。

【計測原理】

試料セル内の試料の重量が減少すると，板バネのたわみが減って支持棒が上側に移動しようとする。その動きをキャンセルするように，支持棒の下端にあるマグネットにコイルからの磁場を作用させて，支持棒の位置を最初の平衡位置に戻すように調節する。このときのコイルに流れている電流が，試料の重量変化に比例するので，電流を換算して，試料の重量変化

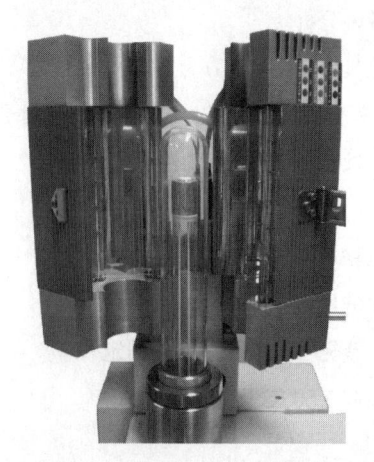

図 15.2 示差熱天秤の試料室

15. 示差熱天秤

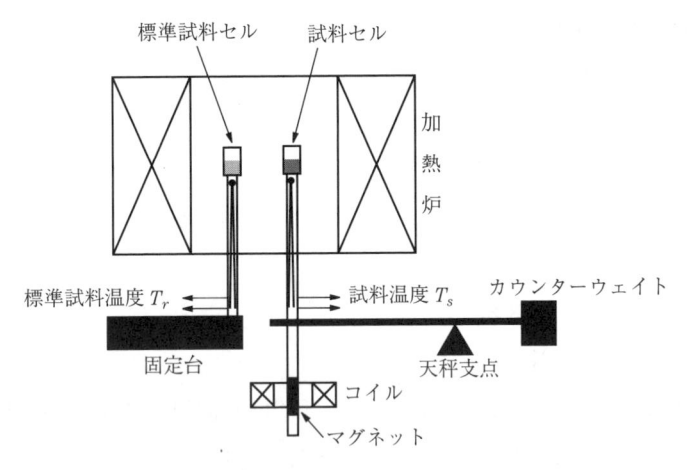

図 15.3 示差熱天秤の原理

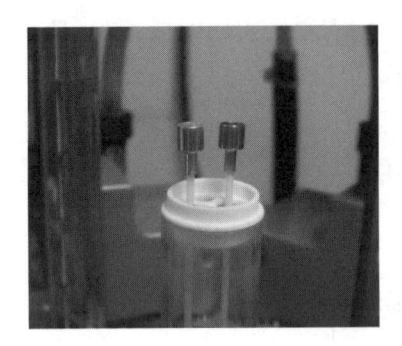

図 15.4 試料セルの写真

を求めることができる。

【示差熱分析】

示差熱分析（DTA）では，試料セルの他に標準試料セルも用意し，その中に比熱がほぼ一定の標準試料（通常は，Al_2O_3を用いる）を入れておく。二つのセルの支持棒の中には熱電対が設置されていて，加熱に伴って生じる試料と標準試料の温度差（$T_s - T_r$）を測定することができる。試料が発熱している場合は，この温度差が正になり，吸熱している場合は温度差が負になる。

15. 示差熱天秤

■ 試料の準備方法

① 試料を乳鉢で粉砕し、乾燥する。

② 蒸発・発泡する試料の場合は、試料セルから吹きこぼれないように、試料の量は少なめにしておく。

③ 標準試料には Al_2O_3 を用いるが、着色や減量などがあれば、新しいものに交換する。

■ データの見方, 事例紹介

【分析データの例】

図 15.5 にシュウ酸カルシウム1水和物（$CaC_2O_4 \cdot H_2O$）の測定データを示す。上の線が TG のデータ, 下の線が DTA のデータである。最初の変化は約 200℃ 付近で起こり, このときの重量減少率は 12% となる。次の変化は 500℃ 付近で起こり, このときの重量変化率は 19% となる。最後の変化は 800℃ 付近で起こり, このときの重量変化率は 28% となる。これらの変化は, それぞれ

① $CaC_2O_4 \cdot H_2O \rightarrow CaC_2O_4 + H_2O$

② $CaC_2O_4 \rightarrow CaCO_3 + CO$

TGD DATA PROCESSING

File No	Sample Name	Sample No	weight (mg)	Date	thermocouple
YASUDA13	CaC2O4 H2O	13	14.90	1994 Jun 18 17:35	R
	Atmosphere		Remark		
	Air		20mg & 200uV 10C/min		

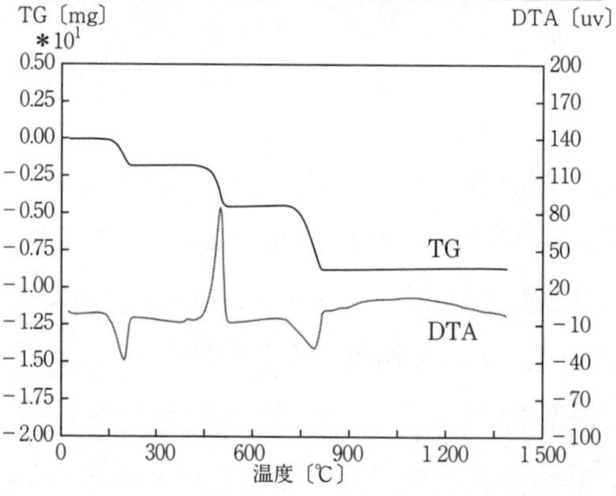

図 15.5 シュウ酸カルシウム1水和物の分析データの例

③ $CaCO_3 \rightarrow CaO + CO_2$

に対応している。

■ **特徴，ノウハウ，オプション**
- 重量変化が少ない試料では，できるだけ，多量の試料を使うと測定精度が上がるが，試料の体積が増えると，均一加熱の条件が満足されないことが懸念されるので，その兼ね合いで，試料の量が決まる。
- 純物質であれば，反応温度，重量変化率のデータから，その物質の同定ができる場合がある。
- 昇温速度は，10～20℃/分がよく使われる。昇温速度が速いほうが，変化が見やすいが，変化のピークが高温側にずれるので，注意する。
- 浮力や対流の影響を受けるので，あらかじめ，ブランクテスト（試料を用いないでテストすること）をしておくほうがよい。
- 試料セルをシリカガラス管に閉じ込めて実験すると，窒素ガス，酸素ガスなどの雰囲気下での反応性を調べることもできる。
- 水素，一酸化炭素などの還元性ガス中や，炭素と接触すると，熱電対の劣化が激しくなるので注意する。
- 真空下あるいは減圧下では，熱伝達が悪くなるため，DTAの測定は困難である。

■ **参考文献**
1）日本熱測定学会 編：熱量測定・熱分析ハンドブック，丸善（1998）
2）機器分析のてびき，化学同人（1980）

16. 熱機械分析装置

(Thermomechanical Analyzer：TMA)

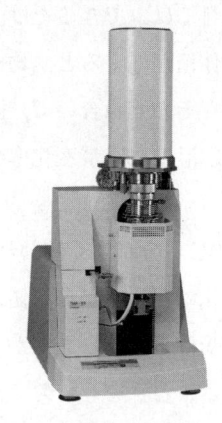

図 16.1 熱機械分析装置の外観

- ■ 用途
    - 試料の熱特性の分析
    - 固体材料の温度変化による変形を調べる。
    - 大気中もしくはガス雰囲気中での測定
- ■ 得られるデータ
    - 試料の時間－変位曲線，温度－変位曲線，荷重－変位曲線。
    - 変位測定範囲は ± 5 mm 程度。
    - 荷重範囲は ± 5 N 程度。
    - 温度範囲は － 150 ～ 1 500℃ 程度。
- ■ 分析できる試料
    - 種々の固体材料
    - 測定方法によって試験片形状を変える必要がある。長さ 20 mm 程度。
    - 試料室に Ar ガスなど不活性ガスを導入することが可能なので金属も

測定可能。
・熱により変質しない材料ならば，同一の試験片を繰り返し測定できる。

■ 原理

【測定原理】

　本装置は試料温度を制御しながら，静的な荷重を加えた際に生じる膨張，収縮などの寸法変化を測定する。逆に寸法を一定に制御しながら膨張，収縮による力を測定することも可能である。

【装置の構造】

　試料の寸法変化を測定するためのプローブ（検出棒）および変位検出部（差動トランス等），試料に荷重を加えるための荷重発生部（フォースコイル等）を直線上に配置する。図16.2に示すのは示差方式の例であり，参照物質と同時に加熱して試料の変位との差を求めるので，試料支持部の熱膨張の影響を除外できる。示差方式でない装置仕様（全膨張方式）では所望の精度により，データ処理において支持部の熱膨張，収縮の補正を必要とする場合がある。

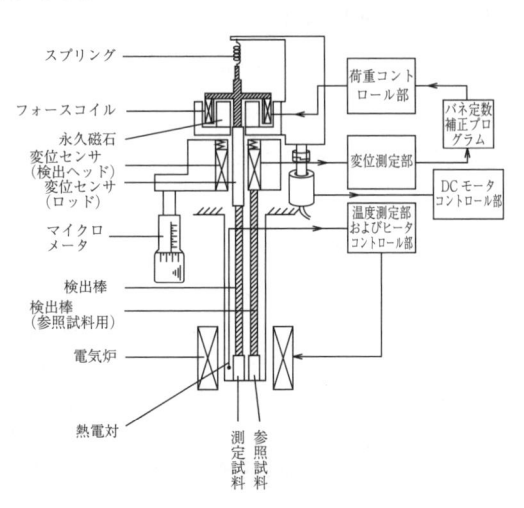

図16.2　原理図（圧縮荷重負荷方式）

16. 熱機械分析装置

【プローブ】

プローブを交換することで，**図16.3**に示すように圧縮荷重方式，針入方式，引張荷重方式，あるいは曲げ方式など，さまざまな測定にも対応できる。圧縮用プローブの先端は直径3～8 mm程度の円柱状である。針入プローブの先端は直径1 mm，0.5 mmおよび円錐形などの針を用いる。荷重，変位は試料寸法を考慮してそれぞれ，応力，ひずみに変換できる。

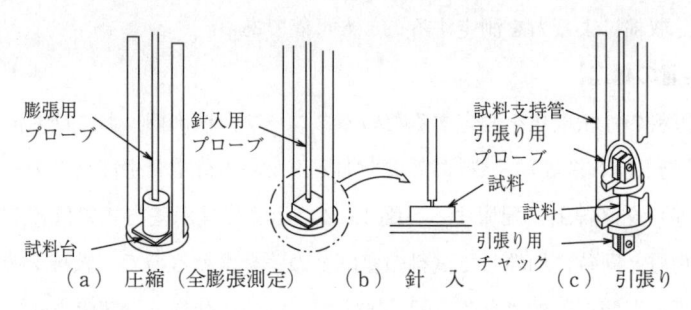

(a) 圧縮（全膨張測定）　(b) 針入　(c) 引張り

図16.3 各種プローブによる荷重負荷方式

■ 試料の準備方法

① 圧縮測定用試料は**図16.4**（a）に示すようにブロック状またはフィルム状とする。直径8×高さ20 mm程度以下。面と下面が平行になるように仕上げる。

② 針入測定用試料は図（b）に示すようにブロック状またはフィルム状とする。

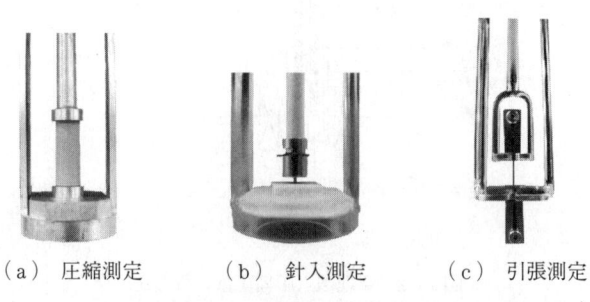

(a) 圧縮測定　(b) 針入測定　(c) 引張測定

図16.4 試料設置の様子

③ 引張測定用試料は繊維状またはフィルム状とする。幅5×厚さ1×長さ20mm程度以下。図（c）に示すように繊維やフィルムの上下を小形のチャックで挟む。フィルムは一定幅となるように切断するとよい。

■ データの見方，事例紹介
【一定変位での試験】

試料に一定の変位を与えたまま温度を制御し，荷重の変化を測定することで図16.5に示すような収縮力（もしくは膨張力）や図16.6のような

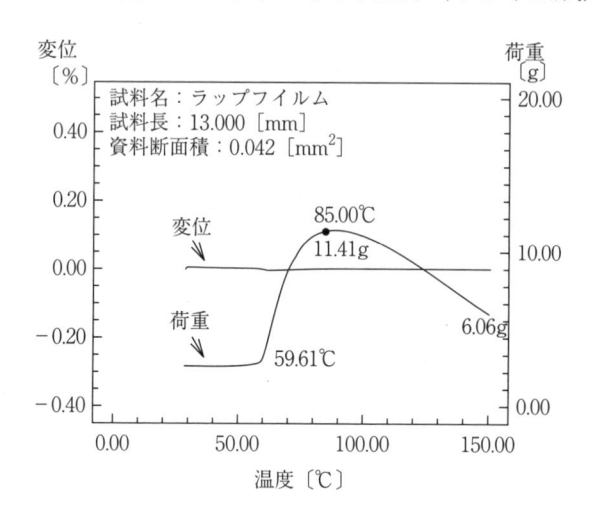

図16.5 一定変位での温度-荷重曲線（温度による収縮力の変化）

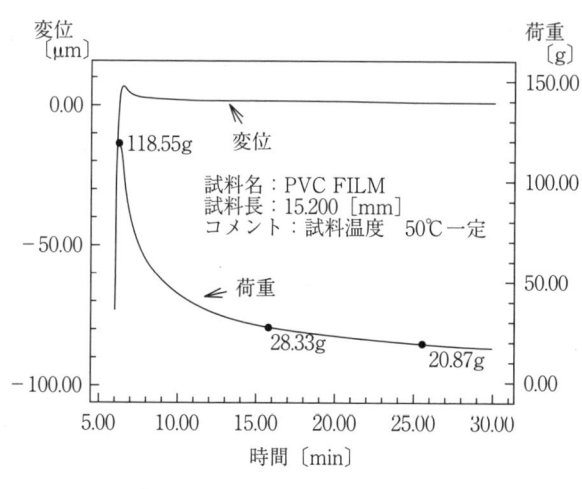

図16.6 一定温度，一定変位での時間-荷重曲線（応力緩和曲線の測定）

応力緩和曲線を求めることができる.

【一定速度での試験】

図 **16.7** のように，一定速度でプローブを動かし荷重変化を測定することで応力 – ひずみ曲線を求めることができる（オプションプログラム使用）。

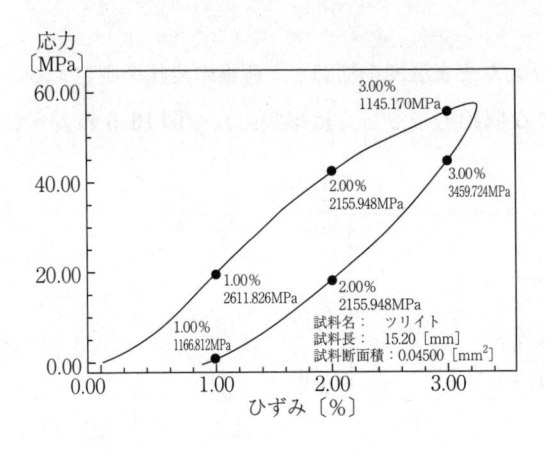

図 **16.7** 一定温度，一定速度での応力 – ひずみ曲線（ヒステリシスの測定）

【一定荷重での試験】

一定荷重での変位を測定することで図 **16.8** のようなクリープ曲線を求めることができる。

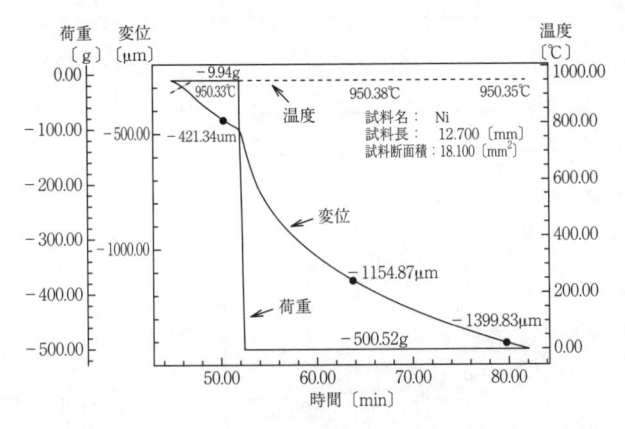

図 **16.8** 一定温度，一定荷重での時間 – 変位曲線（クリープの測定）

【定速加熱での試験】

　針入方式では定速加熱（冷却）によって得られる変位－温度曲線の変化から軟化点，融点，転移温度などを高感度で求めることができる。

【極低荷重での試験】

　示差圧縮方式で荷重をほぼ無視できる程度に小さくすれば熱膨張測定となり，ひずみ－温度曲線の傾きより線熱膨張率を決定できる。

■ 特徴，ノウハウ，オプション

- 熱電対を試料に接触できず，温度の測定を試料近傍で行う場合は，試料温度との誤差に注意する必要がある。高純度金属片の融点などで校正する方法もある。
- 試料内に温度分布ができないように加熱速度を注意する必要がある。
- プローブの材質としては，石英ガラス，アルミナ，金属等があり，試料や測定温度によって使い分けられる。膨張率や測定温度での強度，試料との反応性に注意。
- 圧縮負荷方式でプローブより太径の試料を用いる場合は，図16.4（a）に示したように間に工具を入れる必要がある（膨張測定の場合はこの限りではない）。その際，荷重は工具の重さも考慮しなければならない。
- 試料が圧縮により大きく変形する場合は装置の破損に注意。

■ 参考文献

1）斎藤安俊：物質科学のための熱分析の基礎，pp.348-357，共立出版（1990）

17. ガウスメータ
(Gauss Meter)

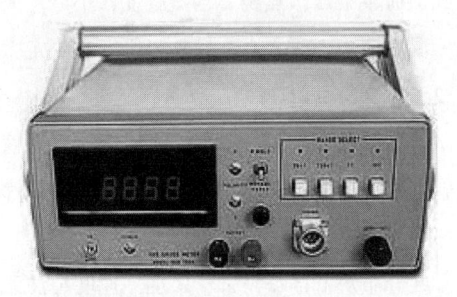

図 17.1 ガウスメータの外観（提供：東洋磁気工業(株)）

■ **用途**
- 材料の磁気特性の分析
- 大気中での分析

■ **得られるデータ**
- 磁気の強さ（磁束密度ベクトル **B** の大きさ）
- センサを組み合わせることにより，磁束密度ベクトル **B** の各方向成分の計測もできる。
- 固体材料の残留磁気
- モータの電磁コイルやトランスなどの漏洩磁場
- 測定範囲は $1 \sim 1$ 万 G（ガウス）もしくは $10^{-4} \sim 1$ T（テスラ）。

■ **分析できる試料**
- 磁性を持った各種材料
- 同一の試験片を繰り返し測定できる。

■ **原理**

【測定原理】

本装置の原理は半導体のホール効果を利用した磁束密度の測定である。

磁束密度の単位であるGに対応して，1〜1万G（1G（CGS電磁単位）はSI単位で1×10^{-4}T）まで計測できる手軽な装置が主流である。半導体ホール素子からなるセンサ部と読取り機であるメータ部から構成される。

【センサ】

ホールセンサと原理図は**図17.2**のとおりである。GaAsやInSbなどの半導体センサに磁場が加わると，電極1から電極3へ流れる電流はローレンツ力により電極2へ偏る。これをホール効果と呼ぶ。半導体中の正電荷が多ければホール電圧 V_H が計測される。この電圧と磁束密度との間には比例関係があるため，V_H を測定することで磁束密度を定量的に測定することができる。

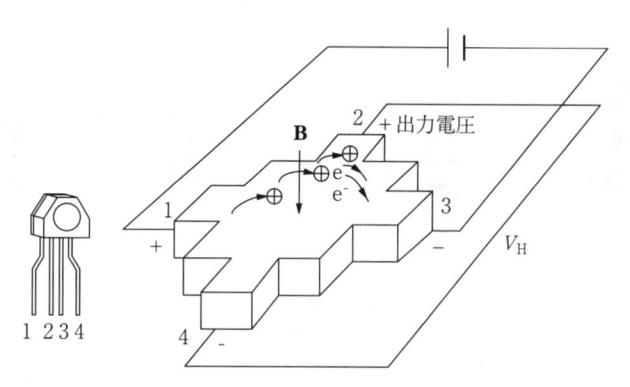

図17.2　半導体ホールセンサの一例とその動作原理

【感度】

感度は磁石とセンサからの距離に大きく依存してしまうため，分解能は1G程度であることが多い。このためセンサにはホール素子に垂直に磁束が貫くような工夫が施されている。

■ 試料の準備方法

特に必要ない。

17. ガウスメータ

■ データの見方，事例紹介

【ソレノイドコイルの中心磁束密度の測定例】

　測定部センサは図17.3（a）のように矢印の磁束密度 **B** が軸方向に測定できるものを選んで，中心と思われる位置で測定を行う。ソレノイドコイルの磁場中心を割り出すことができる。高周波誘導加熱装置などのコイル位置の調節では感電に注意して，安全な出力まで下げるなどの対策が必要である。

【ソレノイドコイルに挿入されたフェライト鋼のギャップ調整】

　図（b）のような軸と直角を成す方向の磁束密度 **B** を測定するためには平面センサを用いる。図の場合には漏洩磁気の測定が可能であり，ギャップ調整によりソレノイドコイルのインダクタンス調整が行える。

（a）　磁束が軸方向に平行な場合　　　（b）　磁束が軸方向に直交する場合

図17.3　磁束密度の測定例（提供：東洋磁気工業(株)）

■ 特徴，ノウハウ，オプション

- ホール素子センサは半導体センサに垂直に磁束を導くためにさまざまな工夫が施されている。適切なセンサ選定と試料にいかにセンサを近づけるかが測定値の安定につながる。
- 半導体ホール素子は温度依存性があるので，使用に応じて材質を選定する。また測定中の温度にも注意する必要がある。

- 読取り部は高速応答できるものと，低速応答のものとがあり，用途によって使い分ける必要がある。
- 磁石については，半導体センサの磁束感知部は直径 0.5 mm 程度であるので，2 mm 程度の平面を持った磁石であれば測定可能である。
- 残留磁気の測定では残留磁気など磁気の方向がよくわからないことが多い。このようなときは三次元で磁束を測れるセンサを用いる。
- 漏洩磁場：モータの電磁コイルやトランスに使用されるケイ素鋼板（鉄心）は渦電流による損失を抑えて，磁場を逃げにくくしているがこれを確認する方法として漏洩磁場の計測が行われる。電磁機器の性能に直結するので，確認のため頻繁に用いられる方法である。
- 微小磁束密度変化を計測する場合には，電磁気の影響を受けない環境で測定しなければならないので，注意が必要である。
- 半導体ホール素子は位置検出機器として多用されており，ブラシレスモータのロータ位置検出など見えない部分にも多く用いられている。
- InSb 薄膜を使用したホール素子は高感度，小型化されているが，抵抗の温度係数が大きく，温度上昇により素子が破壊してしまうことがあるので注意が必要である。
- GaAs 半導体を用いたホール素子は周囲温度に対するホール電圧変化が小さく，広い動作温度範囲（$-40°C$ から $125°C$）を持っている。

■ 参考文献

1) ジョン ウルフ編，永宮健夫 監訳：材料科学入門Ⅳ-電子物性（第 17 刷），岩波書店，pp.97-99（1988）
2) C.R. パレット，W.D. ニックス，A.S. テテルマン共著，堂山昌男，井形直弘，岡村弘之 共訳：材料科学 3 -材料の電子物性（第 11 刷），培風館，pp.68-70（1995）

18. 超伝導量子干渉素子磁束計
(Superconducting Quantum Interface Device Magnetic Flux Meter：SQUID)

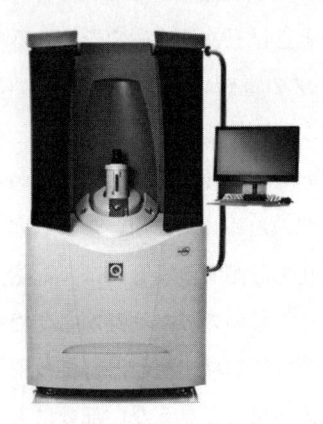

図 18.1 物性計測用 SQUID 磁束計の外観
(提供：日本カンタム・デザイン(株))

■ **用途**
- 微弱な磁束の測定
- 大気中での測定

■ **得られるデータ**
- 磁束 ϕ に関する高分解能なデータ，電磁計測での目安として 10^{-8} emu 程度（emu は CGS 電磁単位）
- 人体から発する磁場の強さ

■ **分析できる試料**
- 各種固体材料
- 物性計測用 SQUID では，測定器の容器に入るもの。9 mm 程度まで。
- 生体計測用 SQUID では，人体の大きさのもの。
- 同一の試験片を繰り返し測定できる。

18. 超伝導量子干渉素子磁束計

■ 原理

【構造】

図 18.2 に dc-SQUID 磁束計の構成を示す。超電導リングにジョセフソン接合（×印で示される）を二つ有する SQUID 素子と検出コイル，入力コイル，さらに SQUID 素子の電位を測定する回路からなる。SQUID 素子と入力コイルは相互インダクタンスで結合されている。SQUID 素子は液体ヘリウム中に置かれ，4 K 程度に冷却されている。また検出コイルも電気抵抗損失があると磁束を正確に電流に変換できないので，超伝導状態のコイルを用いることが多い。このためヘリウム冷凍機が装置に組み込まれていることが多い。また計測は，地磁気など外部からの磁場の影響を防ぐため磁気シールド内で行う。図 18.3 に実際の dc-SQUID センサの例を示す。

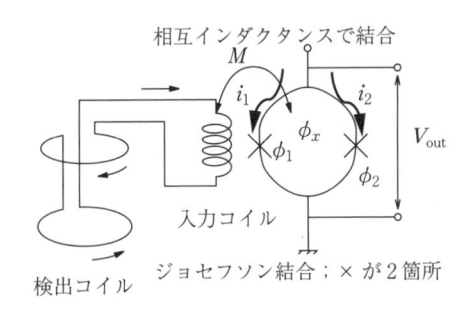

図 18.2 dc-SQUID の基本構成

図 18.3 dc-SQUID センサ（ICF70 の 30.4φ を通る大きさ）

18. 超伝導量子干渉素子磁束計

【SQUID 素子の初期状態】

　SQUID 素子にはあらかじめバイアス電流を流しておく。コイル両側のジョセフソン結合に働く磁束を左側を ϕ_1 として右側を ϕ_2 とすると，リング中の外部からの磁束 Φ_x が $\Phi_x = 0$ であれば $\phi_1 = \phi_2$ となる。このとき SQUID 素子は超電導状態にあり抵抗はゼロのため，バイアス電流が流れても電圧降下は生じない。そのためこの状態ではリングの両端の電圧 V_{out} はゼロである。

【遮蔽電流】

　ここで検出コイルに試料からの磁場が働くと，入力コイルから磁束が発せられる。この磁束が SQUID 素子のリングを貫こうとすると，超電導体の特徴である完全反磁性の性質により，磁束を打ち消すようにリングに遮蔽電流が流れる。遮蔽電流とバイアス電流が重畳し超電導の臨界電流を超えるとジョセフソン接合部が超電導から常伝導に転移する。左側のジョセフソン結合と右側のジョセフソン結合では電流の向きが異なるため，これにより SQUID 素子に抵抗が生じ，その両端に電位差 V_{out} が生じる。

【磁束量子】

　ある程度磁場が強くなると，大きな遮蔽電流を流すより磁束がリング中を通るほうがエネルギー的に安定となるため，完全反磁性が敗れリングを磁束が貫くようになる。超電導状態ではリング中の電子が量子化されるため，リングを貫く磁束も量子化される。その結果，磁場が強くなるに従いリングを貫く磁束量子 Φ_0 ($2.067\,834\,61 \times 10^{-15}$ Wb (1986 年)) が一本づつ増えることになる。このため磁束量子が増えるごとに左側のジョセフソン素子と右側のジョセフソン素子に働く磁束は $\phi_1 \neq \phi_2$ となり，全電流はまるで干渉しているように変化し，V_{out} は周期的に変化する。この電圧変化を検出回路で測定することにより高分解能の微弱な磁束を検出することができる。

【検出コイル】

　検出コイルには，図 18.4 に示すような単純なループ型のもの，二重

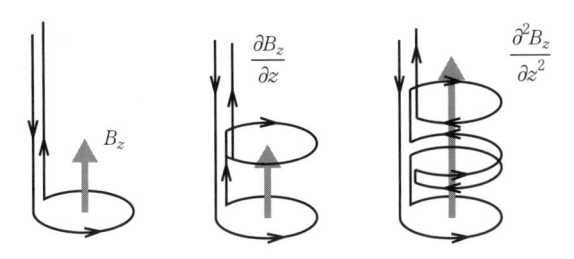

図 18.4 各種検出コイルの形状

ループ型のもの，四重ループ型のものなどがある。それぞれ磁束密度 B_z，磁束密度の空間微分量 $\partial B_z/\partial z$，磁束密度の二階空間微分量 $\partial^2 B_z/\partial z^2$ が検出される。

【温度の影響】

試料の磁束密度は温度にも依存するため，多くの測定装置では試料の温度調節できる構成となっている。

■ 試験片の準備方法

特に必要ない。

■ データの見方，事例紹介

【磁化曲線】

・試料に外部磁場 H〔A/m〕を印加し，それを変化させたときの磁束を測定することにより，図 18.5 のように B–H カーブを求めることが

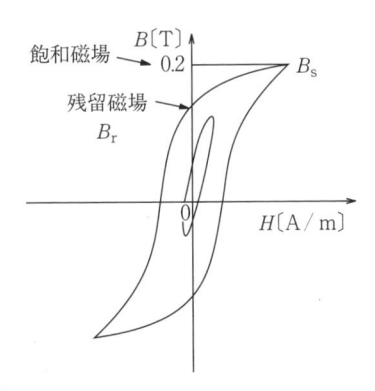

図 18.5 強磁性体の B–H カーブの例

できる．横軸は印加した外部磁場 H，縦軸は測定された磁束密度 B である．H を増大するに従い B が増大していき，ある程度 H が大きくなると B がこれ以上増えなくなる．このときの磁場を飽和磁場化と呼ぶ．そこから今度は H を減少させていくと B は少しずつ減少するが，$H=0$ となっても B はある程度の値を保持する．このときの磁場を残留磁化と呼ぶ．H をマイナス側に増大すると同様に B は飽和し，このような H の変化を繰り返すと，図のような滑らかなヒステリシスループを描く．

- この磁気特性は試料内の磁区の移動と関係しており，磁場をゼロから増大させる過程では磁壁の移動が起き，磁区が拡大し，それに伴い磁場が回転する．飽和磁場状態ではすべて磁区の磁場が一方向に揃う．

- 図 18.5 は強磁性体の例であり，H の変化に対する B の変化すなわち透磁率が大きい．また飽和磁場に達しないときには内側のような小さなヒステリシスループを描く．

- **図 18.6** のように規則的に穴が空いた試料を用いて同様なテストを行うと，外部磁場による磁区の移動が穴溝によって妨げられる．このため磁区の拡大が滑らかでなくなり，図のように滑らかでない $B\text{-}H$ カーブが得られる．このような現象を利用して，材料表面のしわなど，磁区移動の妨げになる析出物を検知できる．

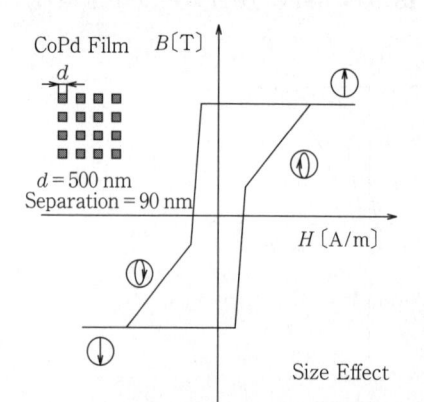

図 18.6 溝列のある磁性膜試料の $B\text{-}H$ カーブの例

■ 特徴，ノウハウ，オプション

- 感度が非常に高いため（10^{-12} T 以下），神経活動によって発生する磁場を計測することができる。脳内の磁場源の位置を検出することにより脳の機能診断に用いられる。
- dc-SQUID リングは非常に小型化されてきており，空間分解能に優れた非破壊検査などが試みられている。
- オーステナイトステンレス鋼などでは加工誘起マルテンサイトの生成など微小な磁気を帯びる場所情報を計測する SQUID 装置も開発されている。

■ 参考文献

1) 小笠原毅一：価電子物性，現代工学社，pp.138-143（1982）
2) 原　宏 編著：量子電気磁気計測，電子情報通信学会，p.246（1991）
3) 富田　司，松田直樹，品田　恵，荒川　彰，山田康晴，吉田佳一：島津評論，**55**，1，pp.53-60（1998）
4) M. El-Hilo：Effects of array arrangements in nano-patterned thin film media, Journal of Magnetism and Mangetic Materials, **322**, 9-12, pp.1279-1282（2010）
5) T.J.Bromwich, A. Kohn, A.K. Petford-Long, T. Kasama, R.E. Dunin-Borkowski, S.B.Newcomb, C.A.Ross：Remanent magnetization states and interactions in square arrays of 100-nm cobalt dots measured using transmission electron microscopy, J. Appl. Phys, **98**, 053909,（2005）

19. 動的粘弾性測定装置
(Dynamic Mechanical Analyzer)

図 19.1 動的粘弾性測定装置の外観
（提供：ティー・エイ・インスツルメント・ジャパン(株)）

■ **用途**
- プラスチック系材料の定数の粘弾性特性の測定
- 粘弾性特性の温度依存性の測定
- 大気中や各種溶液中での測定

■ **得られるデータ**
- 材料の粘弾性特性の温度依存性並びに時間依存性
- 材料定数のマスター曲線（時間－温度換算則の成立確認）
- 減衰特性を示す $\tan \delta$

■ **分析できる試料**
- プラスチック並びにプラスチック系複合材料
- ゴム系を含む固体試料
- 試料寸法：長さ 50 mm，幅 6 mm，厚さ 1.0〜2.0 mm 程度の短冊形

長さ40 mm，幅6 mm，厚さ0.8 mm 程度のフイルム状形
ϕ25 mm，高さ25 mm 程度の円筒形
長さ55 mm，ϕ0.5 mm 程度の繊維形，他

・ 測定により試験片が変形するので，同一の試験片を繰り返し測定することはできない。

■ 原理

【粘弾性】

プラスチック並びにプラスチック系複合材料は，粘弾性という性質が室温から200℃程度の比較的低温度範囲で顕著に現れる。粘弾性は，応力とひずみの比例定数である材料定数（弾性率）が弾性という性質と粘性という性質を兼ね備えた特性であり，時間と温度によって変化する。この挙動はほとんどの材料において表れるが，プラスチックならびにプラスチック系複合材料は比較的低温度範囲ならびに短時間範囲で両性質が表れる。

【測定原理】

本装置は，図19.2 に示すように，多彩な変形モードで動的負荷（正弦波）を入力として応力制御並びにひずみ制御で与え，出力としてひずみあるいは応力を検出し，それらの関係から動的弾性係数（貯蔵弾性係数，損失弾性係数）を求めるものである。

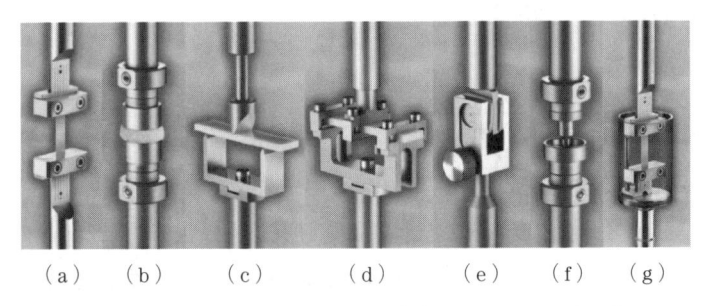

図19.2 変形モード及び浸水プランプ（提供：ティー・エイ・インスツルメント・ジャパン(株)）
（a）フイルム・ファイバー用，（b）圧縮，（c）3点曲げ，
（d）デアルカンチ，（e）せん断，（f）コンタクト用，（g）浸水クランプ（引張，圧縮，曲げ）

【動的応答】

一例として，以下の動的負荷を与えた場合について原理を示す．粘弾性体に動的負荷として，以下のような振動応力を与えると

$$\sigma(t) = \sigma_0 \cos \omega t \tag{19.1}$$

応答としてのひずみは，粘性の影響を受けて位相のずれ δ を生じ以下のように現れる．

$$\varepsilon(t) = \varepsilon_0 \cos(\omega t - \delta) \tag{19.2}$$

あるいは

$$\varepsilon(t) = (\varepsilon_0 \cos \delta) \cos \omega t + (\varepsilon_0 \sin \delta) \cos\left(\omega t - \frac{\pi}{2}\right)$$

$$\varepsilon(t) = (\varepsilon_0 \cos \delta) \cos \omega t + (\varepsilon_0 \sin \delta) \sin \omega t \tag{19.3}$$

式 (19.2)，式 (19.3) より，入力の応力に対して，出力としてのひずみは応力と同位相のものと $\pi/2$ だけ遅れたものが生じることがわかる．

ここで，これらの応力とひずみの比をとると以下のような材料定数が得られる．

$$E'(t) = \frac{\sigma_0 \cos \omega t}{((\varepsilon_0 \cos \delta) \cos \omega t)} \tag{19.4}$$

$$E''(t) = \frac{\sigma_0 \cos \omega t}{((\varepsilon_0 \sin \delta) \sin \omega t)} \tag{19.5}$$

【計測される材料定数】

式 (19.4) で定義される材料定数を貯蔵弾性係数 E' (storage modulus) という．また，式 (19.5) で定義される材料定数を損失弾性係数 E'' (loss modulus) という．損失弾性係数 $E''(t)$ は貯蔵弾性係数 $E'(t)$ に比べ桁違いに小さい値となることから，通常は無視しても構わず，貯蔵弾性係数 $E'(t)$ が後述の緩和弾性係数 $E_r(t)$ とほぼ同じ値として取り扱うことが

できる。また、E' と E'' の比を次式で表して損失正接、損失係数あるいは $\tan\delta$ (タンデルタ) という。

$$\tan\delta = \frac{E''}{E'} \tag{19.6}$$

式 (19.6) の $\tan\delta$ は、弾性項と粘性項の比であり、この値が大きい程応答に遅れが生じ、振動抑制効果が高いことを意味する。一般的に鋼板の $\tan\delta$ は 0.001 以下であるのに対して、プラスチック素材は 0.1 から 2.0 と大きな値を有するものも存在する。

【他の材料定数】

その他の動的材料定数として、振動入力を複素関数で表現して得られる複素弾性係数 $E^{*}(\omega)$ などがあるが、これらは負荷形態によって名称が決められている。なお、ここでは粘弾性体の材料定数の時間依存性を中心に説明したが、後述の⑦の特徴に示すように、温度並びに負荷速度を広範囲にわたって種々に変えて材料定数の時間、温度依存性を測定できる。

■ **試料の準備方法**

図 19.2 に示す測定モードに合わせ、試験片を加工する。

■ **データの見方、事例紹介**

【粘弾性挙動の測定】

図 19.3 にプラスチックの一種である熱可塑性樹脂の緩和弾性係数 E_r (緩和弾性率) の温度依存性つまり粘弾性挙動を示す。この図に示すように、熱可塑性樹脂は線状の分子構造となっていることから、緩和弾性率は温度の上昇と共に低下し、高温では溶融状態となる。この図に示すガラス転移温度 T_g は弾性率が急激に変化する温度であり、結晶化温度 T_c は結晶性樹脂における結晶化が始まる温度であり、結晶融解温度 T_m は融点ともいわれ溶融する温度である。このように、熱可塑性樹脂は比較的狭い温度範囲で固体状態から溶融状態まで変化する。エポキシ樹脂のような熱硬化性樹脂の場合は、分子構造が三次元網目構造を形成し溶融しないことから、この図に示す結晶化温度や融点は存在せず、高温領域においては炭化

19. 動的粘弾性測定装置

図19.3 粘弾性挙動の模式図

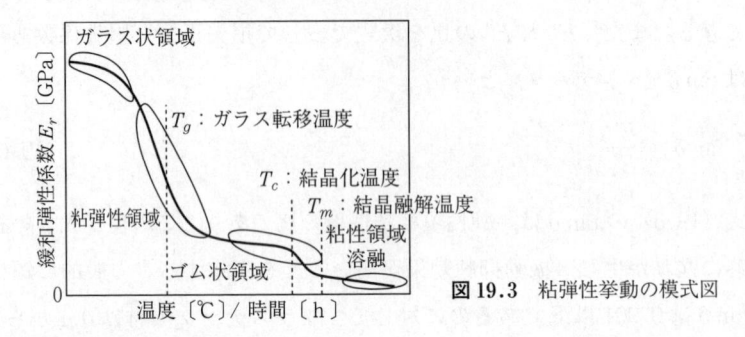

する挙動を示す。

【貯蔵弾性係数の測定】

図 19.4 にポリカーボネート樹脂の貯蔵弾性係数の温度依存性の一例を示す。この図の貯蔵弾性係数は動的粘弾性測定装置を用いて，引張りモードにより周波数 1 Hz で種々の温度において測定したものである。この図には，貯蔵弾性係数と損失弾性係数との比で定義される $\tan\delta$ も示してある。この図に示すポリカーボネート樹脂の弾性率は，温度約 130℃ までは緩やかに低下し，その後急激に変化することがわかる。したがって，この素材を扱う場合は温度 130℃ 以上で注意を払う必要があることがわかる。この図に併記してある $\tan\delta$ は，約 140℃ でピークを示していることがわかる。この $\tan\delta$ がピークを示す温度は，ガラス転移温度に近い温度で見

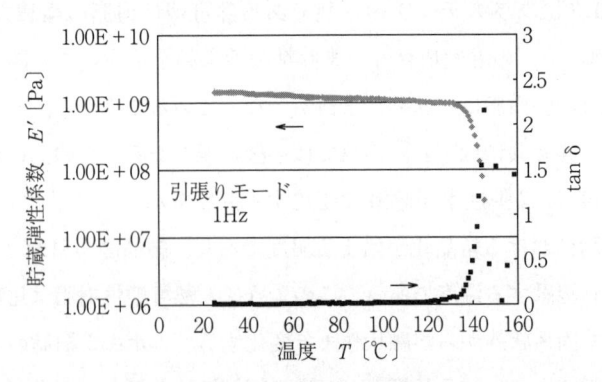

図 19.4 ポリカーボネート樹脂の貯蔵弾性係数の温度依存性

かけ上のガラス転移温度としてよく用いられる。ただし，ガラス転移温度の定義により測定される値に比べ，一般的に tan δ のピークを示す温度は約十数度高いものとなる。

【粘弾性挙動に及ぼす生成条件の影響】

図 19.5 は粘弾性挙動の相違が成形条件などに及ぼす影響を模式的に示したものである。プラスチック素材は，熱劣化防止剤や紫外線劣化防止剤等の種々の添加剤が多く含まれていることから，同じグレードの素材を求めてもロットの違いや素材メーカーの違いによっても粘弾性挙動が異なる場合がある。例えば同じグレードで求めた素材にもかかわらず，図に示すように粘弾性挙動が異なっている場合を考えてみる。この図に示すように，素材 A を温度 T_A で成形したものを，素材 B に変えると弾性率が E_{rB} となり素材 A の E_{rA} とかなり異なっている。よってこの場合，素材 B を成形するには温度 T_B で成形するのが良いことになる。

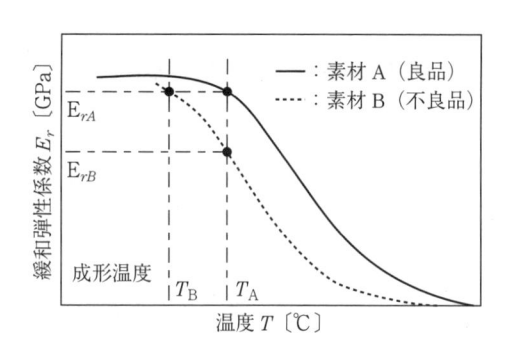

図 19.5　粘弾性挙動と成形温度

【粘弾性挙動の違う材料の例】

図 19.6 はガラス転移温度が同じ素材でも粘弾性挙動が異なる場合の例を示している。例えば射出成形時には，金型に接する表面と内部では温度分布が生じることから，同じ成形温度であっても両素材で表面と内部の弾性率はかなり異なることがわかる。ガラス転移温度を境として内表面の弾性率の差が大きいほど，大きな残留ひずみや残留応力が生じることから，このように測定した粘弾性挙動より，残留ひずみや残留応力の発生しや

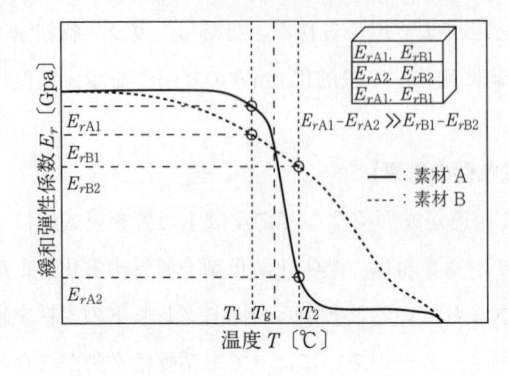

図 19.6 ガラス転移温度近似の粘弾性挙動

さが推測できる。

なお，粘弾性挙動には，時間と温度の等価性つまり時間－温度換算則が成立する場合が多いことから，この法則性を基礎としてプラスチックならびにプラスチック系複合成形品の経時的な強度低下や変形の長期予測を行うことも可能である。

■ **特徴，ノウハウ，オプション**
- 多彩な変形モード（引張り，曲げ，圧縮等）での測定が可能。
- －150 ～ 600℃ と広い温度範囲で測定できる。
- 2×10^{-5} ～ 100 Hz と広範囲な周波数で測定できる。
- 各種溶液中での測定が可能。

■ **参考文献**
1) 新保　實 他：高分子材料の劣化と寿命予測，サイエンス＆テクノロジー，p.139（2009）
2) 新保　實，宮野　靖，國尾　武：日本機械学会論文集，**A-49**，448，p.1498（1983）
3) 新保　實，宮野　靖：材料システム，**13**，p.23（1994）
4) W.Flugge 著，堀　幸夫 訳：粘弾性学，培風館（1973）
5) 國尾　武：固体力学の基礎，培風館（1977）
6) 村谷圭市，新保　實：成形加工，**17**，6，p.401（2005）

20. 自動複屈折測定装置

(Automatic Birefringence Measurement System)

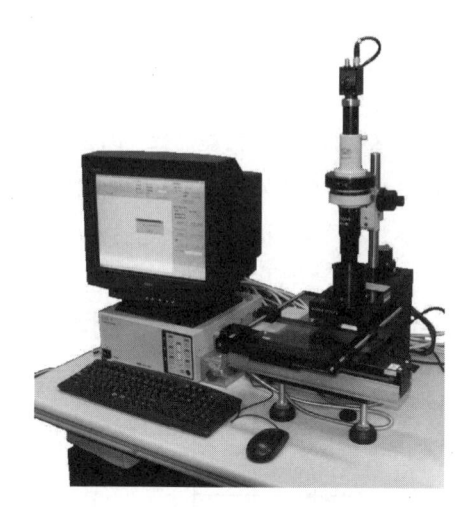

図 20.1 自動複屈折測定装置の外観

■ **用途**
- 可視光による試料の複屈折分布の測定
- 大気中での測定

■ **得られるデータ**
- 光学位相差（レタデーション）と光学主軸の方向（配向角）の二次元分布
- 得られた光学位相差（長さの単位）を測定試料厚さで割ることで，複屈折（単位なし）が求められる。ただし各主軸方向の屈折率の絶対値は定まらない。また，測定試料の厚さ方向に複屈折の分布があったとしても，その情報を直接得ることはできない。

20. 自動複屈折測定装置

■ 分析できる試料
- 高分子材料やガラス材料のうち透明な材料
- 測定光が透過できる試料であれば，材料種を問わず測定が行える。
- 測定により試料にダメージは生じないので，同一の試験片を繰り返し測定できる。

■ 原理

【複屈折】

高分子材料やガラス材料を使った製品は，図 20.2 に示すように，製造時のプロセス履歴や外部からの入力により，内部に屈折率の異方性（複屈折）を生じることがある。複屈折の大きさと方向は偏光顕微鏡を使っても測定することができるが，製造ラインで品質管理を行う場合や大量の試料を測定する場合には自動複屈折測定装置のほうが適している。

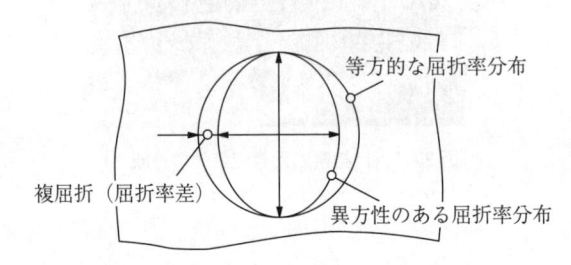

図 20.2 複屈折性を示す材料中の屈折率分布

【測定方式】

自動複屈折測定装置には，シート / フィルム形状（複屈折がほぼ均一に存在）を対象とするものと，光学レンズのように射出成形や加熱プレスにより三次元の形状が付与された製品（内部に複雑な複屈折分布を生じる場合が多い）を対象とするものに大別できる。両者の測定原理は基本的に同じであるが，測定光の強度測定に際し，前者は受光部に光センサを用い，後者は CCD などの撮像素子を用いる。ここでは，複雑な複屈折分布を持つ試料の測定（偏光顕微鏡による手作業の測定が困難）に用いられることが多い後者を中心に説明する。

20. 自動複屈折測定装置

【測定原理】

　測定原理自体は偏光顕微鏡のそれと同じであり，**図 20.3** に示すように，基本的には 2 枚の偏光板の間に複屈折を示す測定試料を挿入し，それらを透過してきた光を受光部で受ける構成となる。自動複屈折測定装置は，二次元的な複屈折分布を仮定して測定を行うが，その定量化に際しては，セナルモン法，回転検光子法，クロスニコル法，パラレルニコル法など種々の手法がある。各手法はそれぞれ一長一短があるが，基本的には測定試料に入射した測定光（偏光子により直線偏光）の偏光状態が試料内部に存在する複屈折のために変化する（楕円偏光となる）。これを検光子により光強度の変化に変換し，受光部にて捉える。

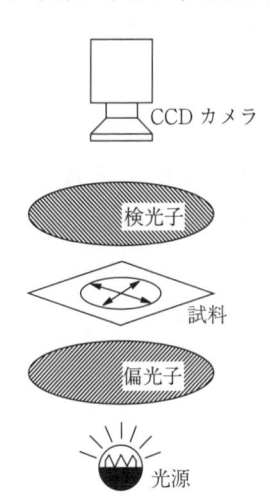

図 20.3 自動複屈折測定装置の概念図

【パラレルニコル法】

　例えばパラレルニコル法では，偏光方向を一致させた 2 枚の偏光板（それぞれが偏光板，検光板）を配置し，その間に試料を設置する。これにより明暗の縞パターンが観察されるが，上下の偏光板を同期して回転させると，縞パターンの分布が変化する。これを撮像素子（例えば CCD）上の各ピクセルにおける光強度変化として測定し，あわせて上下の偏光板の回転角度情報も取得する。ある特定のピクセルにおける測定光強度の変化に

注目すると，測定される光強度の最大値と最小値の比から光学位相差（レタデーション）が，偏光板の回転角度による光強度変化から配向角が算出される。これをCCDの各画素（実際には精度向上のため複数画素の平均値を用いることが多い）について行うことで，光学位相差分布と配向角分布が求められる。

【データ】

得られた光学位相差（長さの単位）を測定試料厚さで割ることで，次式に示す複屈折（単位なし）が求められる。

$$\frac{Re}{d} = \Delta n = n_i - n_j \tag{20.1}$$

ただし，Re は光学位相差，d は試料厚さ，Δn は複屈折を意味する。測定で得られる複屈折は，測定対象となる試料を特定の方向から見た，二つの光学主軸（それぞれの方向に異なる屈折率を持つ）の屈折率差であるため，各主軸方向の屈折率の絶対値は定まらない。また，光透過による測定であるため，試料厚さ方向の積算値が出力値となる。このため，測定試料の厚さ方向に複屈折の分布があったとしても，その情報を直接得ることはできない。

■ **試料の準備方法**

① 着色された試料，あるいは微結晶の存在やフィラー（繊維などの充填材）添加のために一見不透明な試料でも，試料を薄くスライスすることにより測定できる場合がある。

② 光学位相差が大きい（測定光の1/4波長あるいは1/2波長以上（測定系による）），あるいは小さい（測定光のおよそ1/20波長以下）試料については，別手法により測定精度の検証を行っておくことが望ましい。

■ **データの見方，事例紹介**

【パラレルニコル法による**観察例**】

図 **20.4** にパラレルニコル法で観察したときのCDのロゴ周りの明暗の縞模様を示す。複屈折により明暗が生じており，偏光板を回転させること

20. 自動複屈折測定装置　　115

(a) 偏光下での観察像　　　　(b) 偏光板を回転させたときの観察像

図 20.4　CD のロゴ周りの複屈折による明暗のパターン

により明暗が変化する。

【光学位相差の測定例】

図 20.5 に図（a）測定に用いた高分子材料の試験片と図（b）その光学位相差分布を測定した結果を示す。偏光版の回転により生じる光強度の最大値と最小値の比からこのような分布が求まる。

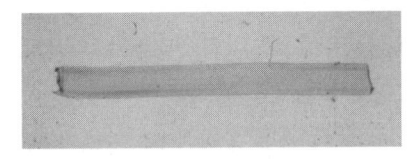

(a) 高分子材料の薄片試料（通常観察）　　　　(b) 光学位相差分布の測定例

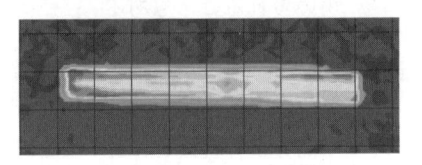

図 20.5　自動複屈折測定装置で得られる測定結果の例

■ 特徴，ノウハウ，オプション

- 測定に際しては，試料を薄くスライスすることが望ましい。これは，先に述べた透過光強度の確保以外にいくつか理由がある。つまり，複屈折の測定に際し試料厚さ方向は均質と仮定しているため，厚さ方向の複屈折変化を極力小さくするために薄片化は重要である。また，測定対象がある程度の複屈折を有する場合，光学位相差が測定限界（測定系に依存するが測定光の 1/4 波長あるいは 1/2 波長）を超えないようにするため，薄い試料のほうが望ましい。

- なお，異なる波長の観察光を組み合わせて使用すれば，前述の測定限界を上回る光学位相差の測定も可能となる。
- 装置によっては，撮像素子の直前に検光子に相当する機構（フォトニック結晶を利用）を設置し，測定系から可動部を排除したものも存在する。
- 測定される光学位相差が極端に小さい場合には，1/4波長板に試料を重ねて測定することで，測定精度を向上させることができる。
- 得られた光学位相差（あるいは複屈折）や配向角の分布状況を検討することで，製品の均質性や製造プロセスに無理な履歴がないか等をチェックできる。すなわち，複屈折の分布勾配が急峻な部分や，その分布が大きく変化する領域は，破壊や故障の起点となったり，障害（例えば，光学的品位の低下）を生じたりする原因となる可能性がある。
- 破断や欠損などが生じた部分の複屈折を観察することで，故障解析に用いられることもある。
- 得られた複屈折分布から，高分子材料やガラス材料の成形時における材料の流動履歴や熱履歴を逆推定することもできる。
- 高分子材料などにおいて，分子レベルでの配向方向と光学主軸の方向は一致する。ただし，分子が引き延ばされている方向が屈折率の大小いずれの光学主軸に対応するかは分子構造に依存するため，一概には決定できない。

■ 参考文献

1) 浜野健也：偏光顕微鏡の使い方，技報堂（1970）

21. 分光エリプソメータ

(Spectroscopic Ellipsometer)

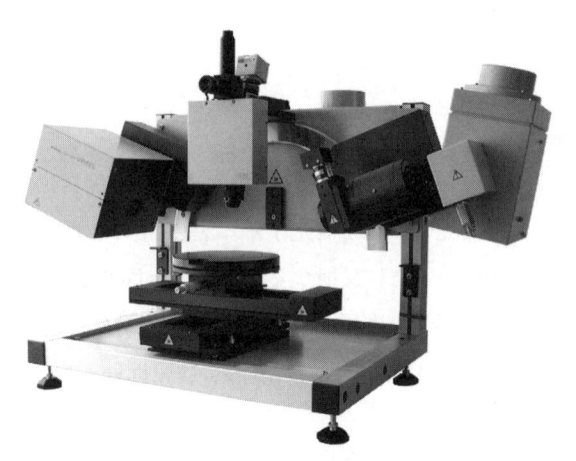

図 21.1 分光エリプソメータの外観
(提供：(株)堀場製作所)

■ **用途**
- 薄膜の光学物性分析
- 大気中での測定

■ **得られるデータ**
- 試料表面の一点における入射光と反射光の偏光変化のスペクトル。複素屈折率。
- 膜厚
- 複数層の異なる膜が積層されている場合にも，各層の屈折率，消衰係数を求めることが可能。

■ **分析できる試料**
- 基材上に堆積した薄膜。膜厚，表面粗さが測定面内で均一な試料。

- 観察に適した試料寸法は，基材上に堆積した 5 μm 以下の厚さの誘電体または半導体薄膜。金属では 50 nm 以上だと膜厚の測定が困難。
- 基材と薄膜材料の光学定数（複素屈折率または複素誘電率）の異なる試料。基材と光学定数の近い膜の場合には膜厚を判定することが困難
- 測定により試料にダメージは生じないので，同一の試験片を繰り返し測定できる。

■ 原理

【光の反射モデル】

分光エリプソメータでは**図 21.2** に示すように，試料に入射光を当てた場合の反射光の偏光の変化を測定する。図 21.1 の装置図では左斜め上方から入射し，右斜め上方に反射する。このとき**図 21.3** のモデルに示すように ε_1 の媒質から ε_2 の媒質に角度 α で光が入射し，反射光と透過光に分かれる，それぞれの角度を反射角 β および屈折角 γ と呼ぶ。

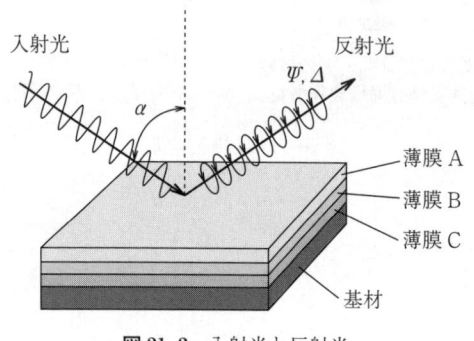

図 21.2 入射光と反射光

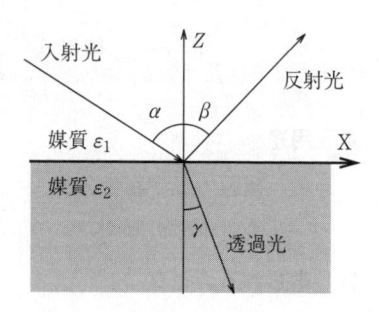

図 21.3 入射角，反射角と屈折角

【偏光】

この際，反射光の成分は p 波と s 波に分かれる。ここで**図 21.4** に示すよう光の電界成分が入射面に垂直な成分を p 波，光の電界成分が入射面に平行な成分を s 波と呼ぶ。**図 21.5** に入射角に対する強度反射率の変化を示すが，p 波と s 波でその変化は異なる。このため入射光と反射光で偏光が変化する。

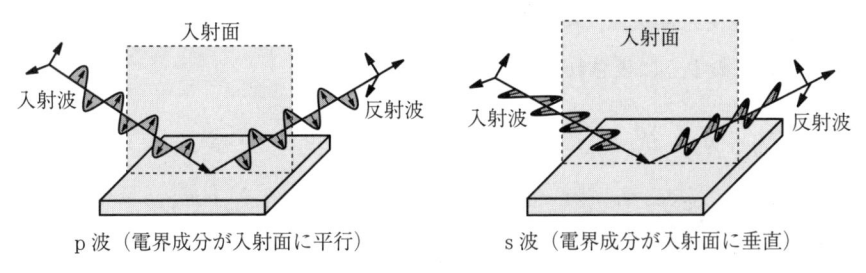

図 21.4 p 波と s 波

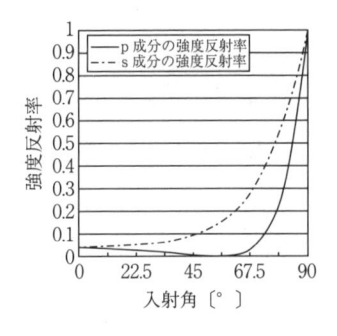

図 21.5 p 成分と s 成分の強度反射率入射角依存性（屈折率 $n_1 = 1$ の媒質から $n_2 = 1.5$ の媒質（ガラス）に入射した場合の例）

【反射率】

p 成分の強度反射率 R_p と s 成分の強度反射率 R_s は光の吸収のない場合には次式で与えられるので

$$R_p = \frac{\tan^2(\alpha_1 - \gamma_1)}{\tan^2(\alpha_1 + \gamma_1)}, \quad R_s = \frac{\sin^2(\alpha_1 - \gamma_1)}{\sin^2(\alpha_1 + \gamma_1)} \tag{21.1}$$

$\alpha_1 + \gamma_1 = \pi/2$ のときに $R_p = 0$ となる。このときの α_1 をブリュースター角という。

【吸収のある場合の反射率】

吸収のある均一な一層の薄膜の場合，位相厚さ β を以下の式により求める。なお，空気は光を吸収しないとしている。

$$\beta = 2\pi \frac{d_2}{\lambda}\left(N_2^2 - n_1^2 \sin^2\alpha_1\right)^{\frac{1}{2}} \tag{21.2}$$

d_2, λ はそれぞれ膜厚と波長，n_1 は空気の屈折率，N_2 は薄膜の複素屈折率であり，n_2 は屈折率，k_2 は消衰係数である。空気と薄膜界面でのフレ

ネルの反射係数は，p成分，s成分それぞれについて複素数 R_p, R_s として以下のように表される。

$$N_2 = n_2 + ik_2$$

$$R_{p1} = \frac{N_2 \cos \alpha_1 - n_1 \cos \tilde{\gamma}_1}{N_2 \cos \alpha_1 + n_1 \cos \tilde{\gamma}_1}, \quad R_{s1} = \frac{n_1 \cos \alpha_1 - N_2 \cos \tilde{\gamma}_1}{n_1 \cos \alpha_1 + N_2 \cos \tilde{\gamma}_1} \quad (21.3)$$

さらに薄膜基材間では，基材の複素屈折率を N_3 として式 (21.3) の添字1を2に置き換えれば

$$R_{p2} = \frac{N_3 \cos \tilde{\alpha}_2 - N_2 \cos \tilde{\gamma}_2}{N_3 \cos \tilde{\alpha}_2 + N_2 \cos \tilde{\gamma}_2}, \quad R_{s2} = \frac{N_2 \cos \tilde{\alpha}_2 - N_3 \cos \tilde{\gamma}_2}{N_2 \cos \tilde{\alpha}_2 + N_3 \cos \tilde{\gamma}_2} \quad (21.4)$$

となる。式 (21.3)，式 (21.4) を用いて，単層膜に対するp成分反射のフレネルの式は

$$R_p = \frac{R_{p1} + R_{p2} \exp(-2i\beta)}{1 + R_{p1} R_{p2} \exp(-2i\beta)} \quad (21.5)$$

となり，s成分についての R_s についても式 (21.5) と同様に記述される。

【その他の測定値】

測定したp成分，s成分の反射振幅比を用いて

$$\tan \Psi \cdot \exp(i\Delta) = \frac{R_p}{R_s}, \quad \tan \Psi = \frac{|R_p|}{|R_s|}$$

$$R_p = |R_p| \cdot \exp(i\delta_{rp}), \quad R_s = |R_s| \cdot \exp(i\delta_{rs})$$

$$\Delta = \delta_{rp} - \delta_{rs} \quad (21.6)$$

から各波長，入射角 α_1 における Ψ と Δ を算出する。この二つがエリプソメータの測定値となる。波長，入射角による Ψ と Δ の変化が，モデルの Ψ と Δ の変化とよく合うように N_i と d_i ($i = 1, 2, 3 \cdots$ 層) を決定することで，単層膜でも多層膜でも薄膜の屈折率，消衰係数，膜厚を求めることができる。

21. 分光エリプソメータ　　121

■ 試料の準備方法

特別な処理は必要ないが，表面をクリーニングしておく。

■ データの見方，事例紹介

【ダイヤモンド状炭素（DLC）膜の分析例】

単結晶 Si 上に堆積させたダイヤモンド状炭素（DLC）膜の分析結果を図 21.6 に示す。図（a）は，Ψ と Δ の実測値とフィッティング結果で，丸は実測値，実線はフィッティングをかけた結果である。両者は見事に一致していることがわかる。この図より導出された屈折率と消衰係数が図（b）に示されている。波長によって n と k が変化している様子がわかる。

（a）実測値およびフィッティング結果

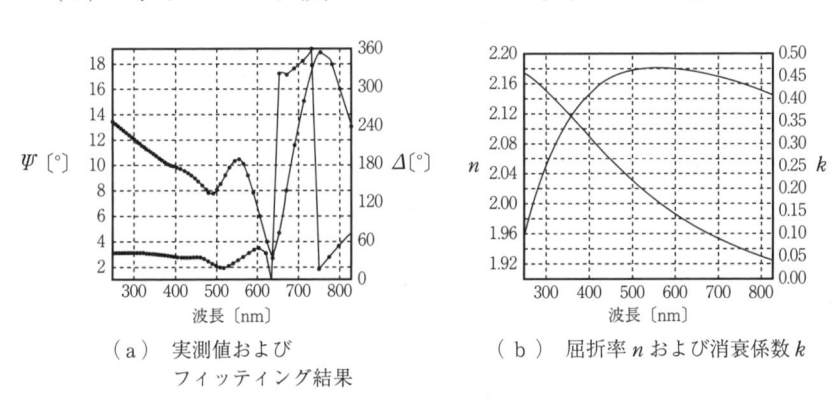

（b）屈折率 n および消衰係数 k

図 21.6　DLC 膜の分析例（提供：(株)堀場製作所）

■ 特徴，ノウハウ，オプション

・ サブ nm の超薄膜でも測定が可能である。
・ 非接触・非破壊の測定法である。表面粗さを考慮する場合には，空気と薄膜との混合層を仮定する。有効媒質近似を用いて解析する。
・ 実測値の Ψ，Δ とモデルの Ψ，Δ とのフィッティングが鍵である。例えばアモルファス材料の場合には Tauc-Lorentz モデルを用いるなど，使用するモデルの選択が重要である。

■ 参考文献

1) 藤原裕之：分光エリプソメトリー，丸善（2003）
2) J.D.Rancourt 著，小倉繁太郎 訳：光学薄膜ユーザーズハンドブック，日刊工業新聞社（1991）
3) 田所利康：分光・偏光を用いた薄膜・界面解析の実際，日本学術振興会 142 委員会合同研究会資料（2006）

22. X線・中性子線反射率計

(X-ray/Neutron Reflectometer)

図 22.1 X線反射率計 SuperLab の外観　　**図 22.2** 中性子線反射率計 MINE の外観

■ **用途**
- 中性子線やX線による薄膜の物性分析
- 大気中での測定

■ **得られるデータ**
- 薄膜試料表面の1点における厚さ方向の構造情報（厚み，干渉性散乱長）
- 干渉性散乱長のコントラストが大きい試料の場合，厚みの分解能は1 nm 以下。

■ **分析できる試料**
- 面内に均質な膜状試料。表面粗さが数 nm 以下であることが望ましい（それ以上に粗い場合は測定困難）。
- 観察に適した試料寸法：スリット条件にもよるが，ϕ100 mm 程度が望ましい。
- 同じ試験片を繰り返し測定することができる。

■ 原理

【測定法】

　図 **22.3** に示すように，ビーム源，入射スリット，試料台，検出スリット，検出器から構成される。試料台には，試料水平型と試料垂直型がある。また，角度分散型と波長分散型があり，角度分散型反射率計では，一定波長のビームを試料面に入射し，入射角（θ）と反射角（2θ）を同時に動かすことで反射率プロファイルを得る。一方，波長分散型では，θと2θを固定した状態で試料面に白色ビームを入射し，検出器側で波長分解を行うことによって反射率プロファイルを得る。

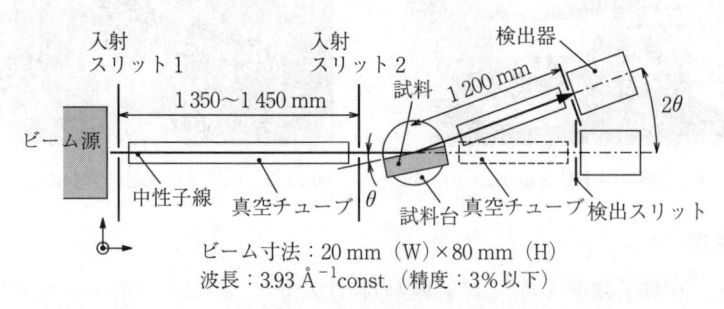

図 22.3　角度分散型中性子線反射率計 SUIREN の光学系

【データ】

　図 22.4 に，得られる反射率プロファイルの一例を示す。縦軸の反射率とは，入射線強度に対する反射線強度の比率を指し，これが1である領域では全反射していることを意味する。横軸の q は散乱ベクトルを意味し，$q = 4\pi \sin\theta/\lambda$（$\lambda$：波長）で表される。角度分散型反射率計の場合は波長が一定なので，入射角 θ の変化が散乱ベクトル q の変化となる。

【分析法】

　低 q 側からデータを取っていくと，ある散乱ベクトル（全反射臨界散乱ベクトル）から反射率強度が1から急激に落ち込んでいき，その際，膜の厚みに対応する干渉縞（Kiessig fringe）が現れる。この得られたデータに対して，モデルに基づくフィッティングを行うことによって，試料垂直構

造の同定を行う．図22.4は，超平滑なシリコン基板の上に70 nmのニッケル被膜を蒸着した基準試料の中性子線反射率プロファイルである．実線はその試料モデルに対してParrattの理論から計算した曲線であるが，実験値とよく一致していることが見て取れる．

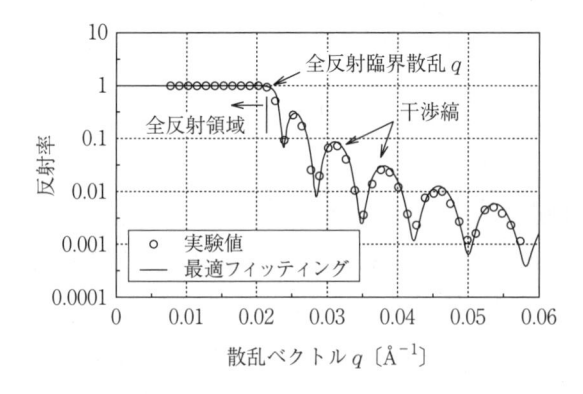

図22.4 中性子線反射率プロファイル一例（シリコン基板の上に70 nmのニッケル被膜を蒸着した基準試料）

■ **試料の準備方法**

① 面内に均質な膜状構造物を作製する必要がある．

② ビームの入射角がきわめて小さい（通常5°未満）ため，試料面のそり，うねりには十分注意が必要である．

③ 中性子線分析の場合，観察したい特定の層だけ重水素置換することによってラベリングをする手法が有効である．

■ **データの見方，事例紹介**

【エチレンプラズマ重合膜の分析例】

図22.5に，シリコン基板上にエチレンプラズマ重合膜を成膜した試料のX線反射率プロファイルを示す．計算結果に基づくフィッティングにより，膜厚が23.5 nmであることがわかる．これは，膜厚をきわめて厳密に測定できた事例である．

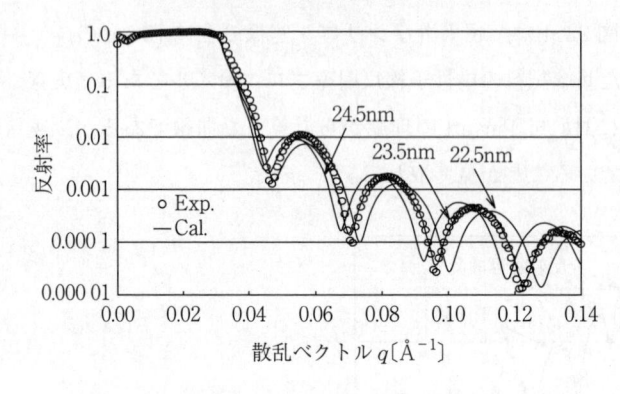

図22.5 シリコン基板上にエチレンプラズマ重合膜を成膜した試料のX線反射率プロファイルとフィッティング曲線

【銅／潤滑油界面の分析例】

図22.6に，油中で銅表面に吸着する添加剤（重水素酢酸）の厚みを測定した例を示す．下から，①大気中，②ベースオイル（ポリアルファオレフィン）中，③ベースオイル＋添加剤中，の反射率プロファイルに対応する．図より，③の場合だけ干渉縞の間隔が狭いことが見て取れる．これは，添加剤が銅表面に均質な吸着層を形成したためであると考えられ，フィッティングより，その厚みを2.0nmと同定した測定事例である．なお，この測定では，固体側から中性子線を入射することによって銅／潤滑油の固液界面を観察している．

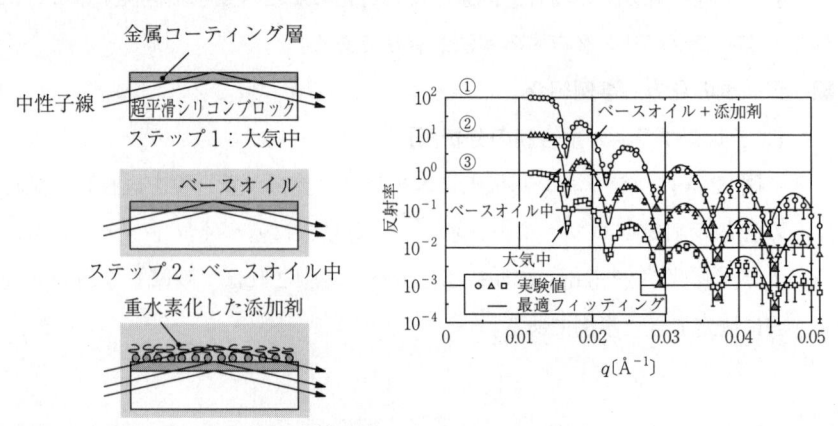

図22.6 銅／潤滑油界面の中性子線反射率プロファイルとフィッティング曲線

■ **特徴，ノウハウ，オプション**
- 中性子線反射率計については，中性子源となる原子炉または加速器が必要。
- 例えば MINE（東大物性研保有，日本原子力研究開発機構設置），SUIREN（日本原子力研究開発機構）などがある。

■ **参考文献**
1）リガクホームページ http://www.rigaku.co.jp/products/p/xdth0020/
2）T. Ebisawa, S. Tasaki, Y. Otake, H. Funahashi, K. Someya, N. Torikai and Y. Matsushita：The Neutron Reflectometer（C3-1-2）at the JRR-3M Reactor at JAERI, Physica B: Condensed Matter, **213-214**, pp. 901-903（1995）
3）D. Yamazaki, M. Takeda, I. Tamura, R. Maruyama, A. Moriai, M. Hino and K. Soyama：Polarized Neutron Reflectometer SUIREN at JRR-3, Physica B, **404**, pp. 2557-2560（2009）
4）L. G. Parratt：Surface Studies of Solids by Total Reflection of X-rays, Physical Review, **95**, pp. 359-370（1954）
5）平山朋子，鳥居誉司，小西庸平，前田成志，松岡　敬，井上和子，日野正裕，山崎　大，武田全康：中性子反射率法を用いた金属表面における添加剤吸着層の厚みおよび密度測定とそのトライボロジー特性，日本機械学会論文集 C 編，**77**, 779, pp. 319-328（2011）

23. 飛行時間型二次イオン質量分析装置
(Time-of-Flight Secondary Ion Mass Spectrometry：TOF-SIMS)

図 23.1 飛行時間型二次イオン質量分析装置装置（ION-TOF 社製）の外観

■ **用途**
- 固体の高感度表面元素分析
- 深さ方向や微小部の化学構造を調べる。
- 超高真空中での分析

■ **得られるデータ**
- 試料表面に存在する各元素の量
- デプスプロファイル（深さ方向の組成分布）
- 元素分布像

■ **分析できる試料**
- 固体の試料。ただし高真空チャンバに入れるため，ガスを含むものは適さない。
- 絶縁体でも測定可能（ガラス，高分子，生体材料など）
- 試料サイズはステージ（**図 23.2**）に乗るならば大きくても構わない

図 23.2 試料ステージ(図中左,右は比較のために示した CD)

が,実際には 1 cm 角程度が望ましい。厚さについては電導性により固定方法が変わるので,絶縁体ならば 1 mm 程度まで,そうでなければ 1 cm くらいまで可能。
・破壊測定であるため,同じ場所を繰り返し分析することはできない。

■ 原理
【測定原理】
　超高真空内でイオンビームを試料に照射すると,試料表面にある原子や分子の一部がイオン化され二次イオンとして放出される。放出されたイオンを電場によって加速すると,このイオンの飛行速度は質量に依存し,質量が小さいものほど飛行時間は速く,大きいイオンは遅くなる。この原理を利用して二次イオンが放出してから検出器に到達する時間を測定することで,発生したイオンの質量分析を行う。

【Dynamic-SIMS】
　二次イオン質量分析装置(SIMS)には一次イオンの照射量の違いによって二つに分けられる。まず大量の一次イオンを照射し,試料表面を掘り進めながら二次イオンを発生させて測定する Dynamic-SIMS(磁場型,四重極型などがある)は,得られる二次イオンが多いために深さ方向に高感度の測定が可能である。従来 SIMS といえばこちらを指し,デプスプロファイル(深さ方向の組成分布)に対する高感度分析装置であった。

【Static-SIMS】

　もう一つは，一次イオンの照射量（ドーズ量）を表面の構成分子数よりも十分に少なくし，構造を維持した二次イオンを発生させるStatic-SIMSがある。最表面の情報が非破壊に近い状態で測定可能である。本装置は分子構造を維持したイオンが得られるため，Dynamic-SIMSと比べ有機物の組成分析に有利である。また深さ方向に数nmと浅い領域の測定となるので，物質の最表面の情報を得ることができる。なお，Static-SIMSでもDynamic-SIMSと同じようにデプスプロファイルの分析が行えるよう，測定系とは別に独立したスパッタ専用のイオン銃を装着している。

【装置の構成】

　図23.3に装置構成を示す。TOF-SIMSは一次イオン源，スパッタ用イオン銃，超高真空試料室，飛行時間型質量分析計（TOF）から構成される。一次イオン源には液体金属イオン源が用いられる。従来はGaやAuなどが用いられたが，最近ではBiやMnが用いられている。試料室は予備排気室を介して，試料の出し入れを行い10^{-6}Pa程度の真空に保たれている。

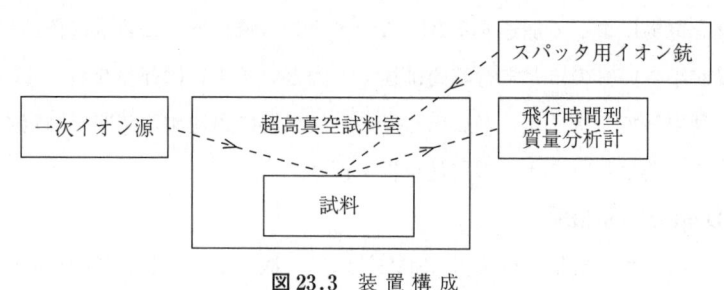

図23.3　装置構成

【質量分析法】

　図23.4に飛行時間型質量分析計の原理を示す。検出器によりイオンがパルス信号に変換され，到達時間を横軸としたスペクトルとして記録される。これより飛行時間を求める。

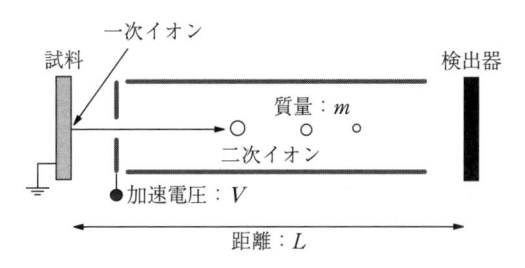

図 23.4 飛行時間による質量分析

ここで，二次イオンの飛行速度は

$$v = \sqrt{\frac{2eV}{m}} \qquad (23.1)$$

なので，二次イオンの飛行時間は

$$t = \frac{L}{v} = L\sqrt{\frac{m}{2eV}} \qquad (23.2)$$

で表される。これより

$$m = \frac{2eV}{L^2} t^2 \qquad (23.3)$$

が得られるので飛行時間 t よりイオンの質量 m が求まる。

■ 試料の準備方法

① 試料は十分洗浄し，乾燥する。

② 粉体は内部で飛散しないようにペレットにするほうがよい。

③ 表面の最表面の測定を行うことから，手の油や容器の汚れ等から汚染されないよう，試料の取扱いに十分注意すること。

■ データの見方，事例紹介

【ハードディスクの分析例】

図 23.5 にハードディスクのデプスプロファイル（深さ方向の組成分布）の測定例を示す（口絵 5 参照）。

23. 飛行時間型二次イオン質量分析装置

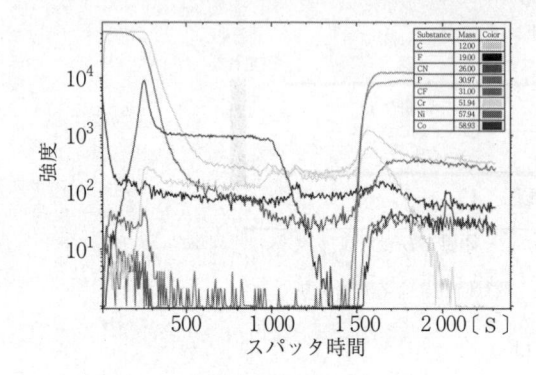

図 23.5 ハードディスクのデプスプロファイル（提供：(株)日立ハイテクソリューションズ）

【自動車の塗装の欠陥解析の例】

図 23.6 に塗装膜の欠陥を調べた例を示す。正常部分（図（a））からのピークはクリアコートの $C_xH_y^+$ 成分のみしかないが，マッピング像から探った欠陥部分（図（b））からは $C_xF_y^+$ の潤滑油成分が検出されている。

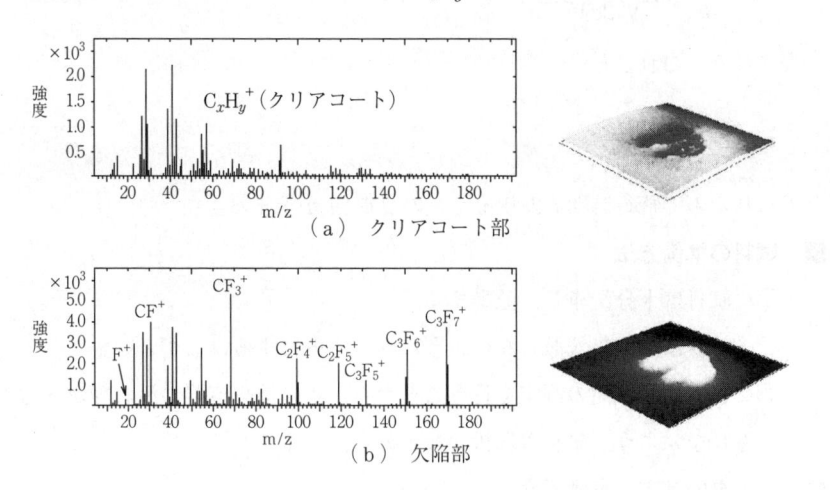

図 23.6 塗装膜の欠陥を調べた例
（提供：(株)日立ハイテクソリューションズ）

■ **特徴，ノウハウ，オプション**
- 絶縁物の測定が容易である（チャージアップする試料表面に対して，低加速での電子線照射により電荷が中和される）。
- 有機化合物の化学構造をかなり保ったままイオン化できるので，有機化合物の同定ができる。
- 測定に用いる二次イオンの発生率が元素ごとに異なることから，未知試料の定量分析は難しい。
- 得られたデータ（スペクトル）に対して，質量数のピークが何の化合物のものであるかを特定するためには解析知識を要する。

■ **参考文献**

1) J.C. Vickerman and D. Briggs: ToF-SIMS：Surface Analysis by Mass Spectrometry, IM Publications (2001)
2) 日本表面科学学会 編：二次イオン質量分析法，丸善 (1999)
3) 服部敏明，纐纈　守，川口　健，吉野明広 編：機器分析ナビ，化学同人 (2006)
4) 藤田幸市：二次イオン質量分析法 — TOF-SIMS 法の紹介 —, Journal of the Jpn. Soc of Colour Material, **79**, 2, pp.81-85 (2006)
5) 村瀬　篤：TOF-SIMS による材料表面の有機物の分析，豊田中央研究所 R&D レビュー，**34**, 2 (1996)

24. 誘導結合プラズマ発光分光分析装置

(Inductively Coupled Plasma Optical Emission Spectrometer：ICP-OES または
Inductively Coupled Plasma Atomic Emission Spectrometer：ICP-AES)

図 24.1 ICP 発光分光分析装置（LEEMAN LABS／JEOL DATUM 製）の外観

■ 用途
- 溶液中の微量成分分析

■ 得られるデータ
- 溶液中の各種元素の種類およびその濃度（ppb 〜 ppm）
- 波長のスペクトルデータ
- 測定可能な元素は装置によって多少異なるが，大体 Li 〜 Bi および Th と U である。なお N, O, F, Ne, Cl, Ar, Br, Kr は測定できない。

■ 分析できる試料
- 溶液に溶かした試料（金属，セラミックス，半導体不純物，河川水，高純度試薬など）
- 分析のために試料を噴霧して消費するため，失った分の試料は繰り返し分析することはできない。

■ 原理

【測定原理】

　ICP発光分光分析法は，高周波誘導結合プラズマ（ICP）を光源とする発光分光分析法である。ネブライザ（噴霧器）により霧化された試料を高温のアルゴンプラズマ中に導入し，励起された元素が発する光を分光器で分光し，そのピーク波長より定性的に，またピーク強度により定量的に元素分析を行うものである。

【装置構成】

　図24.2に装置の基本構成図を示す。主な構成要素は以下の通りである。
（1）高周波電源部（27.12MHzまたは40.68MHz）
（2）発光部（通常，負荷コイル，石英トーチ管，およびプラズマ発生用ガスの制御からなる）
（3）試料導入部（ネブライザ，スプレーチャンバ，および試料送液部からなる）
（4）分光器（モノクロメータ，ポリクロメータ，エシェル分光器など）
（5）検出器（光電子増倍管（photomultiplier tube：PMT），半導体検出器など）
（6）エレクトロニクス，およびコントロール部（データ処理部）

　例として**図24.3**にエシェル分光器型装置の構造図を示す。

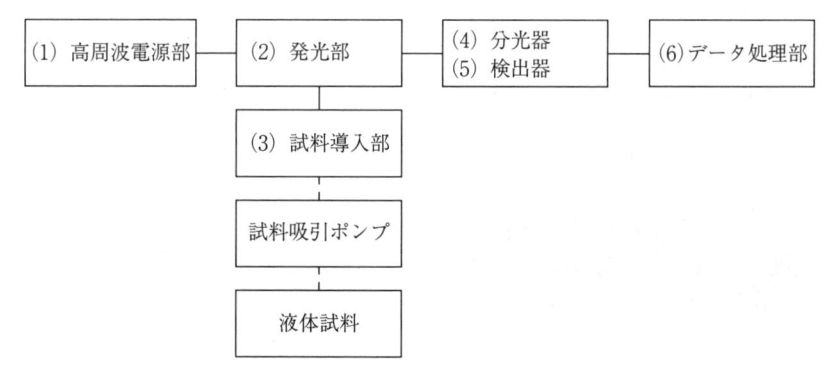

図24.2 基本構成図

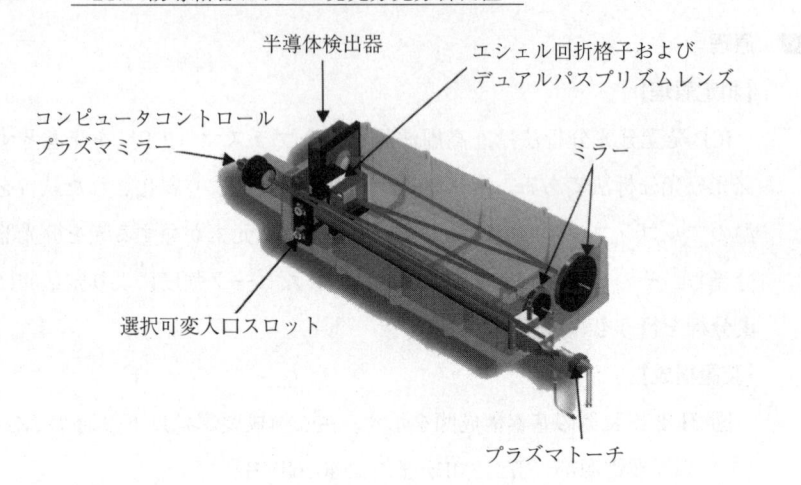

図 24.3　エシェル分光器型装置構成図

【誘導結合プラズマ】

物質は数千℃以上の高温下では熱エネルギーによって励起され，電離したガス状態となる。図 24.4 にその例を示すが，この状態はプラズマと呼ばれ，陽イオンと同数の電子および中性分子または原子からなり，電気的に中性の気体となっている。図 24.5 のように，三重管構造を持った石英トーチ管の中にアルゴンガスを流し，トーチ外周に巻いたコイルに高電圧，高周波を掛けると誘導結合によりプラズマが発生する。これを誘導結合プラズマ（ICP）と呼ぶ。

図 24.4　誘導結合プラズマ（ICP）

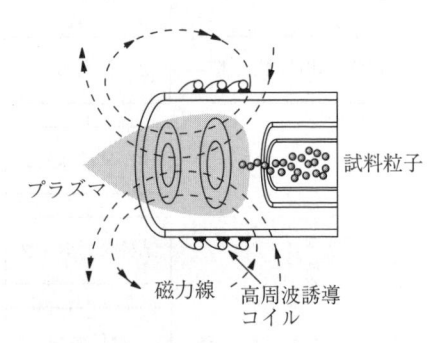

図 24.5　ICP 発生原理

【元素分析】

　ICPの中に液体試料を噴霧すると試料が励起されプラズマ状態となる。これが基底状態に戻るときに元素固有のエネルギーレベルに対応した光が放出される。この光を回折格子で分光した後，PMTまたは，半導体検出器で光の波長と強度を検出することで，元素の種類と濃度を知ることができる。

■ **試料の準備方法**
① 試料は不純物や溶け残りのないよう完全に溶解させる。
② ppmオーダでの測定なので，希釈する水の不純物にも十分気をつける必要がある（超純水管理の必要性）。

■ **データの見方，事例紹介**
【検量線法を用いたステンレス鋼の定量分析の例】
① 試料となるステンレス鋼材料を切断する。切断に使用する工具は，分析成分と同じ元素でできた材質のものはできる限り避けるようにする。
② エタノールやアセトンで洗浄を行う。微量成分の場合には，酸での洗浄も行う場合がある。
③ 試料を秤量する。なお標準分銅により校正されたものを使用する。
④ 試料を溶解する。溶媒は，分析元素濃度に応じた純度のものを使用する。未知物質の分解には以下の順番で試料が溶解できるか試していく。
　　水→塩酸→硝酸→王水→硫酸→フッ化水素酸→過塩素酸→アルカリ
⑤ 標準試料の調整。検量線法では，マトリックスマッチング法（試料の主成分，および前処理に用いた酸，塩類について，種類と濃度を合わせること）を適用することが望ましい。
⑥ 検量線の作成。2点（もしくは3点）の測定で検量線を求める。ブランク溶液はバックグラウンドの測定に用いる。
⑦ 試料測定。スペクトル線の重なりやバックグランド補正の必要性を検討し，最適な分析線を選択する。

⑧ **図24.6**にクロムの検量線，**図24.7**（a）（b）にステンレス鋼に含まれる鉄およびクロム成分の測定結果の例を示す。

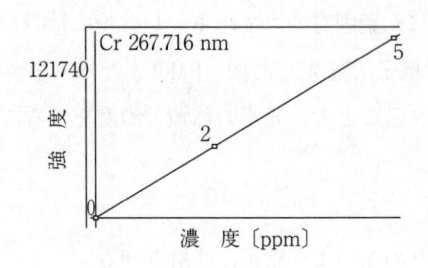

図24.6 クロムの検量線

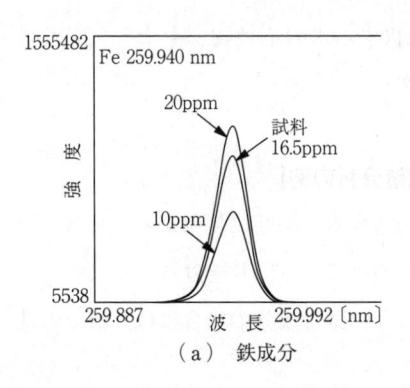

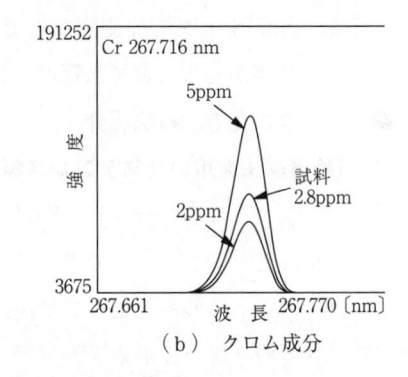

（a）鉄成分

（b）クロム成分

図24.7 ステンレス鋼の分析結果

■ **特徴，ノウハウ，オプション**

- 原則として液体測定である。固体試料は前処理（溶液化）して測定を行う。
- 相対分析法を用いるため，試料溶液の信号強度比較ができる濃度のわかっている標準溶液が必要である。
- 常温で気体では測定できない。
- 高感度であり，迅速な多元素の同時測定が可能。ただし，プラズマ化しているArと同程度にイオン化エネルギーの高い元素に限る。
- ダイナミックレンジが広く（ppb～ppm），微量成分から主成分まで分析可能。
- 共存元素による化学干渉が少なく，高精度な分析が行える。

- 濃度が高いと，噴霧量が減少するために，発光強度が減少する．濃度を測定する装置ではあるが，なんでも測れるわけではなく，元素にもよるが0.05％（＝500 ppm）を超えるような溶液は希釈したうえで測定すること．
- 本装置では測定できない低濃度の定量には，誘導結合プラズマ質量分析装置（inductively coupled plasma mass spectrometer：ICP-MS）を用いる．

■ **参考文献**

1）岡田幸治：ICP発光分光分析装置の最近の動向，CACS FORUM 20（2000）
2）株式会社島津総合研究所セミナー：原子吸光とICPの上手な使い方
3）原口紘炁：ICP発光分析の基礎と応用，講談社（1986）
4）上本道久 監修，日本分析化学会関東支部 編：ICP発光分析・ICP質量分析の基礎と実際〜装置を使いこなすために〜，オーム社（2008）
5）服部敏明，纐纈 守，川口 健，吉野明広 編：機器分析ナビ，化学同人（2006）

25. 有機元素分析装置
(Organic Elemental Analyzer：CHN Corder)

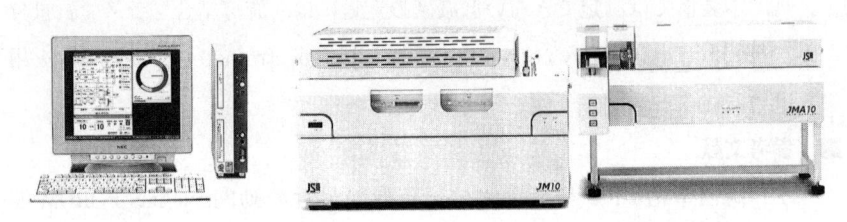

図 25.1 有機元素分析装置（ジェイ・サイエンス・ラボ社製）の外観

■ **用途**
- 有機化合物の元素分析

■ **得られるデータ**
- 試料中の C（炭素），H（水素），N（窒素）の含有量〔％〕

■ **分析できる試料**
- 有機物の試料
- 有機化合物の測定のために開発された装置なので，有機物を含まない試料には適さない。
- 金属・非金属元素を含んでいる場合には，測定値に影響が出るので対策をとる必要がある。
- 試料は燃焼させて分析するため，焼失した試料を繰り返し分析することはできない。

■ **原理**

【基本原理】

測定の基本原理としては，精度良くはかり取った試料を完全に熱分解し，CO_2，H_2O，N_2 にする。この3成分混合となった試料ガスを成分ごとに分離し検出し，その値から定量計算をすることで含有率を求める。

25. 有機元素分析装置

【検出プロセス】

検出プロセスは，図 25.2 に示すように燃焼分解・酸化，還元，分離，検出よりなる。

```
燃焼分解・酸化 ─ 還 元 ─ 分 離 ─ 検 出
```

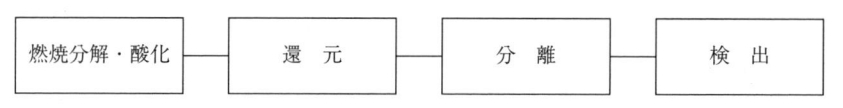

図 25.2 装 置 構 成

① 燃焼分解・酸化

試料は 900℃ 以上の O_2 ガス雰囲気で熱分解させると

$$C, H, N \rightarrow CO, CO_2, H_2O, NOx$$

となったのち，加熱した酸化触媒を通すことにより

$$CO, CO_2, NOx \rightarrow CO_2, NO_2$$

となる。なお CHN 以外の含有物は装置を傷める，検出器を劣化させるなどの問題を引き起こすので，検出器に届く前に吸着させて捕集する（特に S は妨害元素として CO_3O_4/Ag_2O を用いて捕集する）。

② 還元

NOx は還元を行い，酸化に用いた過剰な O_2 ガスは除去する。500℃ 以上に加熱した還元銅を用いると両方とも同時に除去できる。

$$NOx \rightarrow N_2$$
$$O_2 \rightarrow CuO, Cu_2O$$

③ 分離

得られた 3 成分の混合ガスを分離する。

④ 検出

分離された 3 成分のガス濃度を求める。

【熱伝導検出法】

ここでは感度よりも再現性で有利な熱伝導検出法について説明する。これは物質によって固有な熱伝導度を利用して成分を検出するもので，基準となるガスが必要である。この測定においては試料から発生するガスを上

流から下流の検出器まで流すためのキャリアガスが基準ガスとなる。この基準ガスには，測定するガスと熱伝導度の差が大きく，化学反応に対して安定であることからHeガスが用いられている。

【熱伝導度セル】

図25.3に熱伝導度セルの基本構造を示すが，ステンレス製ブロックに基準ガスと測定ガスの2系統の管とそれぞれにフィラメントセンサが2本ずつ対に入っている。このとき加熱したフィラメントに試料からの測定ガスが触れるとガスの組成，濃度に応じて熱が奪われて温度が下がり，フィラメントの抵抗値が変化する。これらの対になっているフィラメントを図25.4に示すようなホイートストンブリッジ回路に組み込むことにより，基準①と基準②の抵抗値の積と試料①と試料②の抵抗値の積を比較し，熱

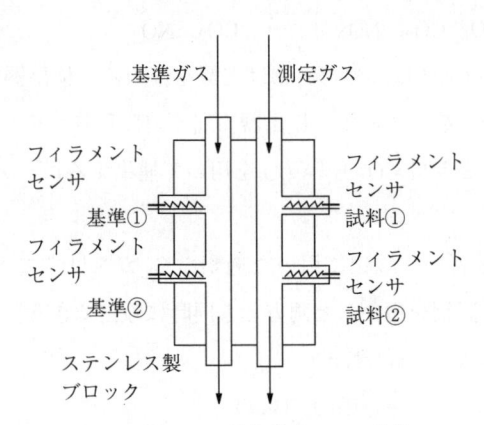

図25.3 熱伝導度セルの構造

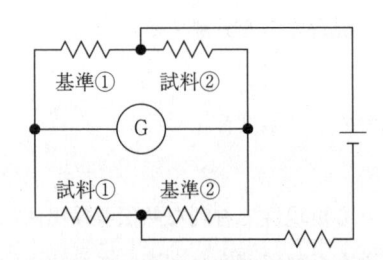

図25.4 ホイートストンブリッジ回路を利用した測定法

伝導度を測定する。なお数社から製造販売されている装置では，いくつかある分離方法や検出方法の組合せによって構成されている。また基本構成はCHNの測定だが，CHNSといった4成分を測定できるものもある。

■ **試料の準備方法**
① 測定に用いる量（2〜3 mg）が少ないが精度を必要とするので，はかり取りには十分注意する。
② 試料は測定用のボート（**図 25.5**）に乗せるため密度が低く嵩が張るものは粉砕しておく必要がある。
③ わずかな不純物，溶媒，水分により分析値が変わるので，測定する試料は十分な精製と乾燥作業を行っておく必要がある。

図 25.5 試料を入れるボート
（写真はセラミックス製。白金製のものもある。）

■ **データの見方，事例紹介**
【測定例】
　カーボンピッチのCHNの含有量を測定した例を**表 25.1**に示す。このデータは3回測定したものの平均である。

■ **特徴，ノウハウ，オプション**
・ 燃焼分解による測定においては，装置や測定値に影響を及ぼす妨害元素（Si，P，B，F，Hg，As 等）を含んでいる場合には，分解温度を高くすることや，添加剤を加えることがある。
・ 分析誤差はCHNで±0.3%といわれているので，実験値と理論値のずれがこれを上回る場合には誤差要因を考える必要がある。
・ 測定の際には，核磁気共鳴装置での結果と比較をするのが望ましい。

25. 有機元素分析装置

表 25.1 測定データ例(提供:ヤナコテクニカルサイエンス(株))

	水素〔%〕	炭素〔%〕	窒素〔%〕
1回目	1.99	95.83	0.9
2回目	2.03	95.82	0.87
3回目	2.05	95.89	0.89
平均値	2.019	95.845	0.887
標準偏差	0.0315	0.0372	0.0158
変動係数	1.5599	0.0388	1.7752
差	0.06	0.07	0.03

■ **参考文献**

1) 日本分析化学会 有機微量分析研究懇談会 編:役に立つ有機微量元素分析,医学評論社 (2008)
2) ヤナコ分析工業技術グループ 編:CHN コーダーの素顔,さんえい出版 (1993)
3) 服部敏明,纐纈 守,川口 健,吉野明広 編:機器分析ナビ,化学同人 (2006)

26. 蛍光 X 線分析装置

(X-ray Fluorescence Analysis: XRF)

エネルギー分散蛍光X線分光装置
(Energy Dispersive X-ray Fluorescence Spectrometer：ED-XRF，EDX，EDS)
波長分散蛍光X線分光装置
(Wavelength Dispersive X-ray Fluorescence Spectrometer：WD-XRF，WDX，WDS)

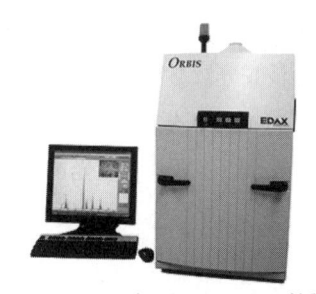

図 26.1 EDX（AMETEK EDAX 社製）装置の外観

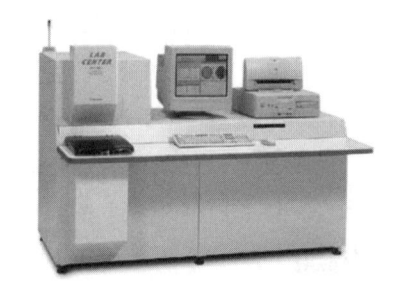

図 26.2 WDX（島津製作所製）装置の外観

■ 用途
- X線による試料の元素分析
- 定性分析・定量分析が可能。
- 真空中もしくは大気中での分析

■ 得られるデータ
- 試料表面の元素の種類，割合の面分布データ
- 蛍光X線スペクトルとその強度

■ 分析できる試料
- 試料は固体でも液体でも粉体でも良く，大気圧で非破壊検査が可能である。

- 表面はある程度の平坦度が必要。
- 試料の大きさは装置の測定室に依存する。測りたい試料の大きさはあらかじめ確認しておくとよい。
- 分析により試料にダメージを与えないため、同一の試験片を繰り返し分析できる。

■ 原理

【蛍光X線分析】

試料にX線や電子線を試料に照射したときに、試料から発生する蛍光X線とその強度を検出して元素分析を行う装置を蛍光X線分析装置と呼ぶ。ここではX線管球でX線を照射して、蛍光X線を計測する装置を前提に説明する。電子線を照射して蛍光X線の波長分散を計測する装置については27章（電子線マイクロアナライザ（EPMA））を参照のこと。また他にSEMにEDXを付加して照射した電子線から得られる蛍光X線のエネルギー分散を測定することもできる。

【種類】

蛍光X線の分析法としてエネルギー分解能のあるX線検出器で直接エネルギーと強度を測定するものをエネルギー分散分光装置（energy dispersive X-ray fluorescence spectrometer：ED-XRF，もしくはEDX，EDS）と呼ぶ。それに対して、波長に応じて分光したX線強度を測定するものを波長分散分光装置（wavelength dispersive X-ray fluorescence spectrometer：WD-XRF，もしくはWDX，WDS））と呼ぶ。

【基本原理】

図26.3に示すように、物質に照射されたX線のエネルギーが、その元素の内殻電子と原子核の結合エネルギーより大きい場合、原子内の電子は光電子として原子の外に飛び出す。

ここで飛び出した電子の空孔を埋めるために外殻電子が内殻へ移動する。このエネルギー差が蛍光X線として放出される。蛍光X線は試料を構成する元素固有の波長やエネルギーを持っていることから、各スペクト

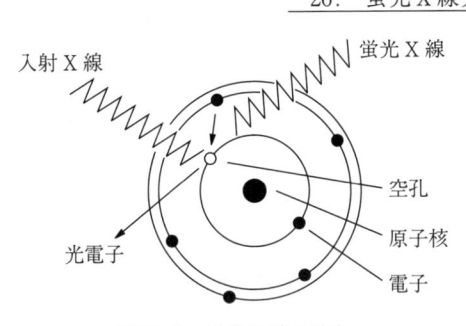

図 26.3 蛍光 X 線の発生

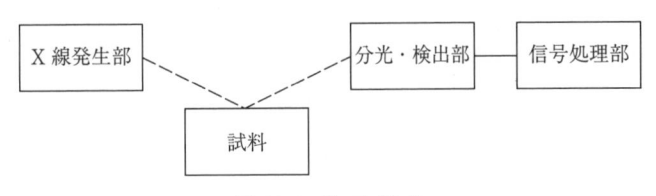

図 26.4 装置構成

ル強度は試料中の元素濃度に比例する．これを利用して，元素の種類および元素の量の分析を行う．装置構成は図 26.4 に示す通り X 線発生部，分光・検出部，信号処理部からなる．測定は X 線管球から試料に X 線を照射した後，発生した蛍光 X 線検出し計測，分析を行う．

【EDX の検出器】

図 26.5 に EDX の分光・検出部を示す．EDX では Si 型半導体検出器 (solid state detector：SSD) が用いられる．一般的に半導体検出器は液体窒素での冷却を必要とする．しかし近年出てきた SDD (silicon drift detector) と呼ばれる検出器は，検出効率が高く冷却にはペルチェ素子 (直流電流を流すと一方の金属から他方へ熱が移動するというペルチェ効果を利用した電子部品) を用いるだけでよいため，液体窒素を用いなくてもよくなっている．

【WDX の検出器】

図 26.6 に WDX の分光・検出部を示す．WDX の検出器にはガスフロー型比例計数管やシンチレーション計数管 (放射線がある種の物質に当たる

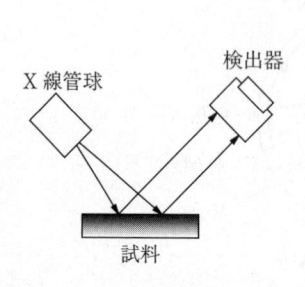

図 26.5 EDX の分光・検出部 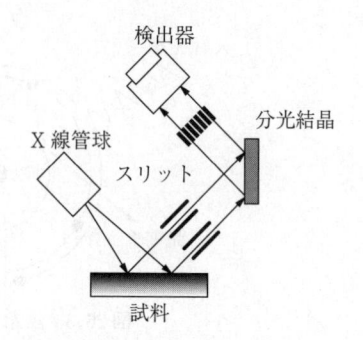　　**図 26.6** WDX の分光・検出部

と微弱な光を発する現象を利用して放射線を検出する装置）が利用されている。検出した X 線が入ると蛍光 X 線のエネルギーに比例した高さの電気パルスが発生し，このパルスを増幅しマルチチャネルアナライザを使って計測する。一般に WDX のほうが EDX より高精度であるが，装置は大型化している。

■ **試料の準備方法**

深さ方向に数十 μm 程度を分析するため，金属であれば研磨，粉体であれば加圧成型や溶解により，ある程度表面を平坦化しておく必要がある。

■ **データの見方，事例紹介**

【検量線法と FP 定量法】

定量分析をするためには標準試料を用いた検量線法と FP（ファンダメンタル・パラメータ）定量法が主に用いられる。前者は精度の高い方法で厳密な標準試料が必要なのに対して，後者は理論計算定量法であり，標準試料を用いないことから半定量法とも呼ばれる。

【コインの分析例】

図 26.7 にコインの元素をマッピングした例を示す（**口絵 6** 参照）。

【銅サンプルの分析例】

図 26.8 に EDX（AMETEK EDAX 社製）で得られたスペクトルと元素のマッピングの例を示す（**口絵 7** 参照）。

26. 蛍光X線分析装置   149

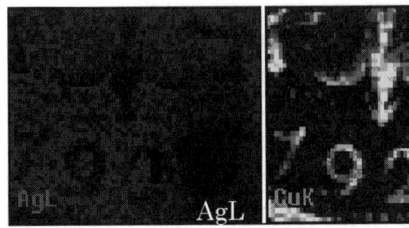

図 26.7　EDX による測定例（レアコインの偽造部分の分析）
　　　　（提供：AMETEK EDAX 社）

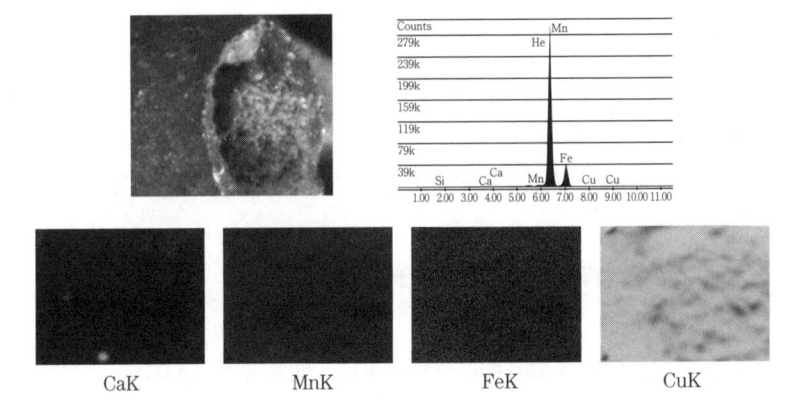

図 26.8　EDX による銅サンプルの測定例

■　**特徴，ノウハウ，オプション**

・試料に対する自由度が高い（大きさ，形状，絶縁体，液体，粉体でも可）。
・試料室内を真空から大気圧へと変更可能。
・短時間で非破壊の検査ができる。
・定性分析，定量分析，元素マッピング等の分析ができる。
・X線励起法による本測定は，電子線励起法と比べてバックグラウンドノイズが低い（物質の相互作用による）。
・深さ方向の分解能は金属なら数十 nm 〜数十 μm 程度まであり，分析領域でバルク材の平均的組成情報を得るのに適している。

26. 蛍光X線分析装置

図 26.9 EDX ハンディタイプ（携帯型成分分析計（リガク社製））

- 軽元素の蛍光収率が低いために分析元素範囲は Na 〜 U となる。
- EDX は WDX と比べ小型化できるためにハンディタイプ（**図 26.9**）のものもある。
- WDX は高精度の分析に適している。

■ 参考文献

1) 中井　泉 編, 日本分析化学会 監修：蛍光X線分析の実際, 朝倉書店（2005）
2) 服部敏明, 纐纈　守, 川口　健, 吉野明広 編：機器分析ナビ, 化学同人（2006）
3) 日本分析化学会 編：機器分析の事典, 朝倉書店（2005）

27. 電子線マイクロアナライザ

(Electron Probe MicroAnalyser：EPMA)

別名　X線マイクロアナライザ（X-ray Micro Analyser：XMA）

図27.1　電子線マイクロアナライザの外観（静岡大学機器分析センター所有）

■ **用途**
- 電子ビームによる固体材料の元素分析
- 定性分析・半定量分析が可能。
- 真空中での分析

■ **得られるデータ**
- 元素の面分布画像
- 電子線照射部位の構成元素の存在（定性分析）および濃度（定量分析）
- 平面的にスキャンすることにより領域面全体の構成元素の分布の面分析（元素分布の作成）が可能。

■ **分析できる試料**
- 金属，セラミックス，鉱物などの結晶性材料。

- 真空中で破壊,蒸発,分解等しない固体材料。真空中で水分やガスの放出がないもの。
- 試料寸法は,ステージに搭載できる大きさ(おおよそ数十mm角程度)。
- 分析により試料にダメージを与えないため,同一の試験片を繰り返し分析できる。

■ 原理

【装置の構成】

EPMA装置は図27.2に示すように走査電子顕微鏡にオプションとして波長分散形X線分光器(wavelength dispersive X-ray spectrometer:WDS)またはエネルギー分散形X線分光器(energy dispersive X-ray spectrometer:EDS)を取り付けたものである。それぞれの特徴に応じて使い分ける必要がある。現在では,どちらも装備した装置も多い。

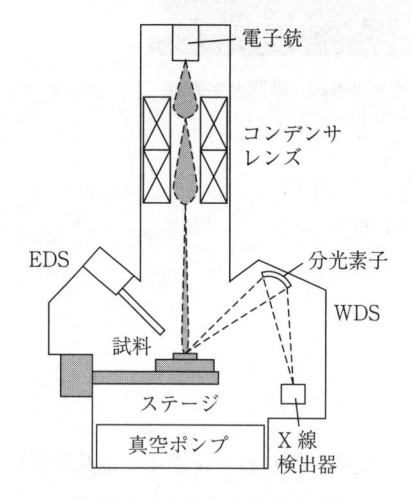

図27.2 EPMA測定部模式図

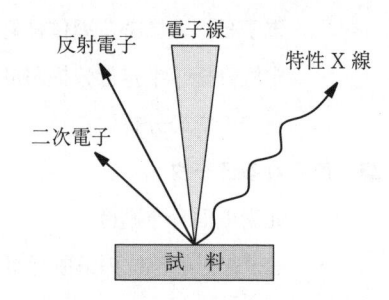

図27.3 特性X線発生模式図

【分析の原理】

図27.3のように,試料の表面に電子線を照射するとその試料を構成する各原子に固有の特性X線が反射される。この特性X線を分光し,それ

ぞれの波長に対応した原子の存在を調べることができる（定性分析）。また，波長の強度について，既知組成の均質安定試料（標準試料）との比較により，その存在比率（濃度）も測定することができる（定量分析）。

■ 試料の準備方法
① 表面を高い平滑度，平面度になるよう研磨等で仕上げておく。また油などの汚れのないよう洗浄しておく。
② 導電性物質でない場合，あるいは樹脂に埋め込んである場合，電子が滞留し正確な分析の妨げになる。導電性を付与するため，炭素や金などの被膜を施したり，樹脂部を導電テープで覆ったりする必要がある。
③ 走査型電子顕微鏡（SEM）に併設されていることが多く，しかも分析はほぼ自動化されている。分析したい試料の顕微鏡像を撮影したのち分析を行う。
④ WDSを用いる場合，測定に必要な電子ビーム量が比較的大きいので，電子線照射によるダメージを受けやすい試料の場合には注意が必要。

■ データの見方，事例紹介
【焼結チタンの分析例】
図27.4は，チタン粉末を黒鉛工具内で通電加熱焼結をした際のチタンと炭素の分布を，線分析ならびに面分析した結果を示す[3]。一次元および二次元的にスキャンすることにより，線上および面上の元素分析が可能である。面上分析では，分布状態をカラーで表示することも可能である。

■ 特徴，ノウハウ，オプション
・ SEMの像には二次電子像と反射電子像とがあるが，EPMA分析には反射電子像を用いる。主に試料表面の形態観察（SEM像）と分析場所の選定に二次電子線像を用いる。
・ 分光用の素子は，標準的な元素用のほかに，特に軽い元素用の分光素子（例えばBe用）がオプションとしてある。
・ 近年，より微小な領域を分析するため，プローブ径を従来の1/2～1/10に小さくしたフィールドエミッション電子銃（電界放射型電子銃）

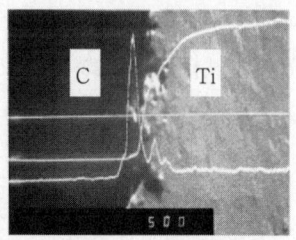

(a) 炭素とチタンの線分析　　　(b) チタン分布の面分析

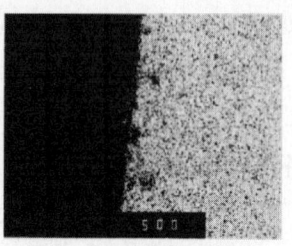

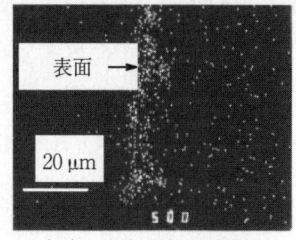

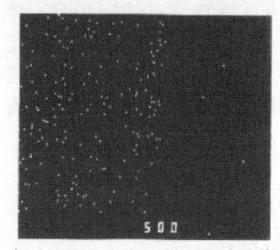

(c) 炭素分布の面分析　　　(d) 深さ25〜100μmにおける炭素分布

図 27.4　チタンおよび炭素の分布の分析例

を搭載した機種も販売されている。
- WDS の場合，照射電子線の強さに応じて検出感度も大きくなる。一方，EDS の場合は，少ない照射でも検出可能であるが，電子線を強くしても感度は増加しない。

■ 参考文献

1) 日本表面学会 編：電子プローブ・マイクロアナライザー，丸善（1998）
2) 木ノ内嗣郎：EPMA 電子プローブ・マイクロアナライザー，技術書院（2008）
3) 久保田義弘, 中村　保, 田中繁一, 早川邦夫, 中村英雄, 本村一朗, 宮崎哲平：直接通電加熱加圧焼結による純チタン製クラウンのネットシェイプ成形，塑性と加工，48，557，pp.561-565（2007）

28. オージェ電子分光装置

(Auger Electron Spectroscopy：AES)

図 28.1 オージェ電子分光装置の外観

■ **用途**
- 電子線による元素分析
- 定性分析・半定量分析が可能
- 真空中での分析

■ **得られるデータ**
- 試料表面の元素の線分布
- 試料の表面のモノクロ画像(SEM像)
- 倍率は数百倍～数万倍程度
- 水素およびヘリウム以外の元素分析が可能。

■ **分析できる試料**
- 真空中でガスや水分を放出しない物質。導電性試料。
- 絶縁性試料,生体試料には不向き。
- 絶縁性試料の場合はごく薄く金などの導電性薄膜をコーティングすることにより測定できることもある。

- 観察に適した試料寸法は数 cm 角程度が目安。試料厚さは観察用試料ホルダの形状によるが，最大 1 cm 程度が目安。炭素系薄膜など導電性のある物質で表面粗さの影響をなくすために厚さ 0.5 mm 程度までの Si（シリコン）ウェーハなどに代表として成膜し，1 cm 角程度に切り出して分析に用いると，操作性が良く扱いやすい。
- 分析により試料にダメージを与えないため，同一の試験片を繰り返し分析できる。

■ 原理

【分析の原理】

オージェ電子分光装置（AGS）は走査電子顕微鏡（SEM）に元素分析装置が設置された装置である。高真空（1.0×10^{-6} Pa 以上）に真空引きされたチャンバ内において試料に一次電子（primary electron beam）を照射し，得られた二次電子（secondary electrons）から走査型電子顕微鏡（scanning electron microscope：SEM）像を観察でき，同時に発生するオージェ電子をエネルギー分光することにより発生したオージェ電子の元素を特定することが可能な装置である。電子線の照射機構は SEM とほぼ同様であり，基本的に絶縁体，生体試料の観察には不向きである。

【励起される電子】

図 28.2 に入射する一次電子と発生するオージェ電子の模式図を示す。試料に入射する一次電子により，試料の内部では原子が励起され，オー

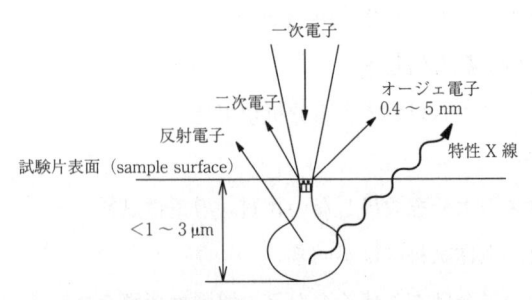

図 28.2　一次電子の入射より発生する各種電子および X 線

ジェ電子 (auger electrons), 特性 X 線 (characteristic X-rays), 二次電子, 反射電子 (backscattered electrons) などが発生する.

【オージェ電子】

図 28.3 にオージェ電子の発生する様子の模式図を示す. 入射する一次電子により物質を構成する原子の K 殻の電子がたたき出された場合 (これを空孔と呼ぶ), この原子は励起状態となり不安定な状態となる. この状態から安定化するために L 殻に存在する電子を K 殻内に引きずり込むが, L_1 殻に存在する電子のほうが K 殻の電子よりもエネルギー準位が高いため, 余剰のエネルギーを特性 X 線や他の $L_{2,3}$ 殻電子に与えなければ K 殻内に入り込むことができない. $L_{2,3}$ 殻の電子に余剰のエネルギーが与えられ, この電子は原子外へ放出される.

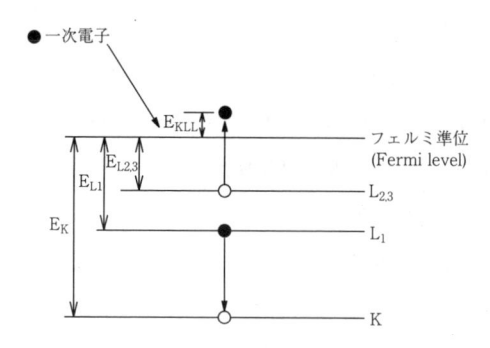

図 28.3 オージェ電子発生の模式図

【オージェ遷移】

この放出される過程を KLL オージェ遷移と呼び, 放出された電子を KLL オージェ電子と呼ぶ. このような遷移は他の殻でも同様に起こるため LMM, MNN などの遷移が存在する. オージェ電子の発生には 2 種類の殻電子が必要なので, 水素 (H) およびヘリウム (He) の分析はできない.

【分析深さ】

オージェ電子は一次電子の侵入深さのいずれでも発生しているが, 近接

する原子に衝突するなどエネルギーを失うことにより試料の奥深くで発生したオージェ電子は，試料の外側まで飛び出すことはできない。このためオージェ電子は試料の極表面からのみ発生し，極表面層のみの元素分析が可能である。

■ **試料の準備方法**
① 基本的にすべての試料は素手では触らず，必ずビニール手袋などを着用する。
② 試料は潤滑油などの油汚れが付着している場合は，アセトンやベンジンなどを染み込ませたキムワイプ（不織布）により拭き取り，その後新しいアセトンやベンジンを用いて超音波洗浄を行う。水系の汚れの場合はエタノールやイソプロピルアルコールを使用する。
③ 洗浄後は十分に乾燥させ，試料ステージに固定する。試料ステージには付属のネジや SEM で使用可能な導電性のカーボンテープなどを用いる。カーボンテープを用いる場合はテープからの脱ガスを抑制するため，数 mm 角に小さく切り取り使用する。

■ **データの見方，事例紹介**
【炭素系硬質薄膜の分析例】
図 28.4 に炭素系硬質薄膜の分析例を示す。窒化炭素膜に含有される炭素，窒素が検出され，表面に付着した酸素および水分が微量に検出されている。また図 28.5 に，窒化炭素膜の摩擦後の表面の分析例を示す（**口絵**

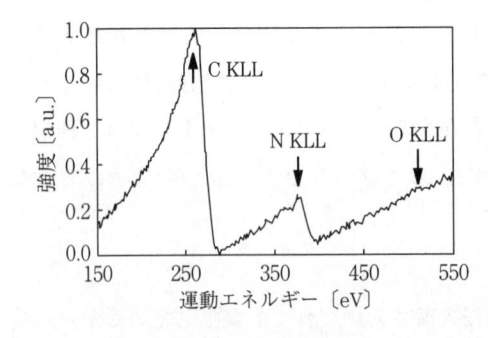

図 28.4 炭素系硬質薄膜の一種の窒化炭素膜表面の点分析例

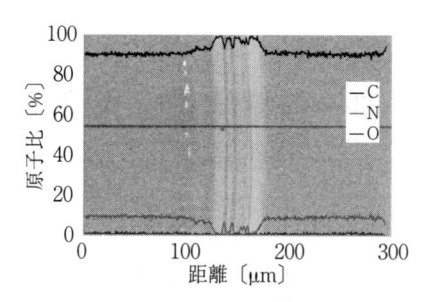

図 28.5 炭素系硬質薄膜の一種の
窒化炭素膜面分析例

8 参照)。中央の白色部分は摩擦痕である。摩擦痕内部は窒素が脱離している様子が観察される。

■ **特徴，ノウハウ，オプション**

・ 基本的操作方法や試料の使用方法などは一般的な SEM と同じである。AES は EDS（エネルギー分散型 X 線分光分析装置，energy dispersive x-ray spectroscopy）と同様に SEM に元素分析装置が設置された装置であるが，EDS とは異なり液体窒素などを使用しないため簡便である。

・ 付属のアルゴン（Ar）イオンビームエッチングにより試料を nm スケールで掘り，試料の深さ方向への元素分析が可能である。

■ **参考文献**

1) 日本表面科学会 編：表面分析技術選書オージェ電子分光法，丸善（2001）
2) 志水隆一，吉原一紘：ユーザーのための実用オージェ電子分光法，共立出版（1989）
3) 吉原一紘，吉武道子：表面分析入門，裳華房（1997）

29. グロー放電発光分光分析装置
(Glow Discharge Optical Emission Spectroscopy：GDOES)

図29.1 グロー放電発光分光分析装置の外観
(提供：(株)堀場製作所)

■ **用途**
- スパッタリングによる薄膜の元素分析。

■ **得られるデータ**
- 薄膜中に含まれている元素の種類。
- 各元素の深さ方向の元素分布。

■ **分析できる試料**
- 基材上に堆積した薄膜。
- 測定直径は5 mm程度なので，分析にはそれ以上の大きさが必要である。膜厚は数nmから200 μm程度。
- 金属，誘電体，半導体とも可能。高分子も可能な装置がある。
- 分析可能な元素は通常50種類程度。水素も測定できる。
- 同一の試料を繰り返し分析することはできない。

■ 原理

【分析の原理】

図 29.2 に示すように，高周波グロー放電（低圧の気体中で生じる持続的な放電現象）プラズマにより薄膜試料表面をスパッタリングする。スパッタリングされた原子がプラズマ中の電子と衝突して励起され，再度エネルギーの低い状態に落ちるときの発光を分光分析することによって，物質固有の発光を抽出し，どの元素が含まれているかを検出する。また，すべての元素を検出し，かつ検量線を用意することで，発光強度から定量分析も可能である。

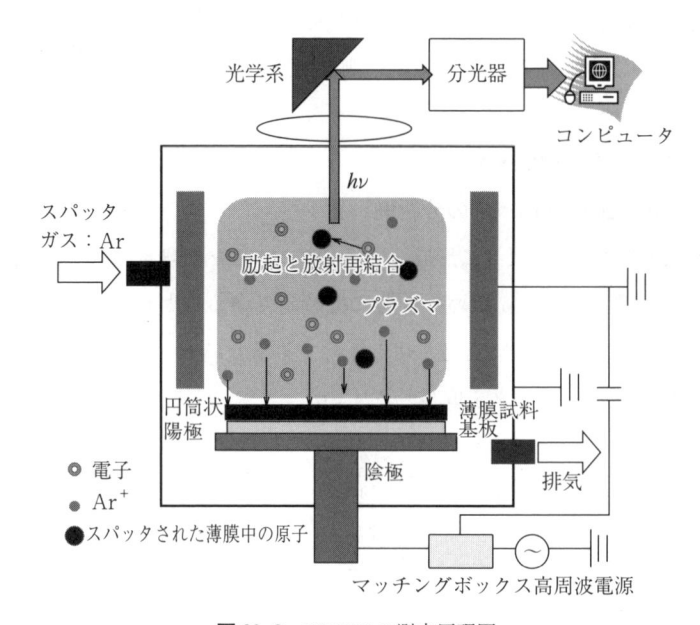

図 29.2 GDOES の測定原理図

【データベース】

原子固有の発光についてはスペクトルデータベースがあり，例えば**表 29.1** のように強度の大きいスペクトルを抽出して分光結果と照合する。

表29.1 代表的な元素と測定波長

元素	測定する波長〔nm〕
H	121.567
C	156.144
N	149.263
O	130.217
Al	396.152
Fe	371.994
Si	288.158

■ **試料の準備方法**

① 固体試料は表面をクリーニングする。

② 試料に含まれる元素を想定し測定する元素を決める。同時に40種類程度は分析できる。

■ **データの見方，事例紹介**

【Cu 基板上の Sn めっきの分析例】

図29.3にCu基板上に形成したSnめっきの熱処理前後の分析結果を示す。熱処理によりCuがめっき層に拡散していることが明瞭にわかる。熱処理条件をさまざまに変化させて分析する場合にも，本方法であれば迅速に分析可能で，データを取得しやすい。

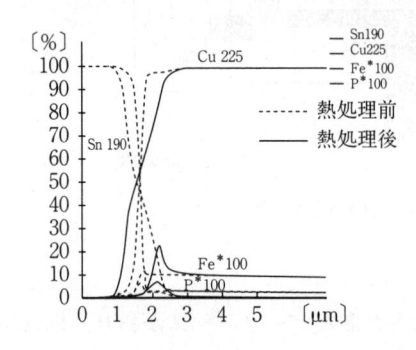

図29.3 Cu基板上のSnめっきの元素分析結果（提供：(株)堀場製作所）

29. グロー放電発光分光分析装置

【ハードディスクの分析例】

図29.4にハードディスクの分析結果を示す。図左側の透過電子顕微鏡観察結果と比較することで，C-Co-Cr層の深さ方向分析が高精度に行われていることがわかる。

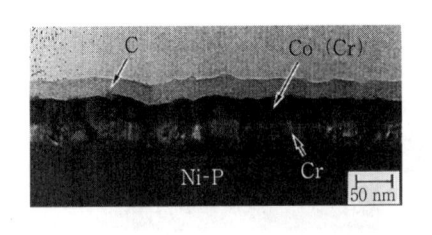

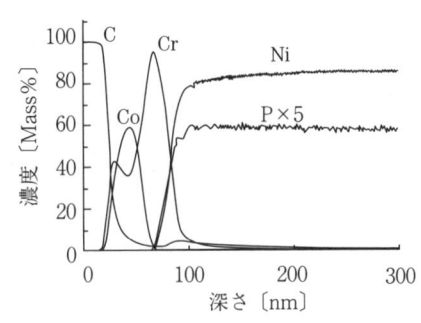

図29.4 ハードディスクの元素分析結果（提供：(株)堀場製作所）

■ 特徴，ノウハウ，オプション

- きわめて短時間の測定法で，数分で μm 単位の膜の分析が可能である。
- 水素を検知できる。最近は，大型分析装置との定量比較も行われ，良好な水素定量性を示している。
- オージェ電子分光分析装置やX線光電子分光分析装置と同等かそれ以上の高感度分析が可能である。元素の検出下限は数ppm～数十ppmである。
- 定量化については検量線（成分のわかっている物質とそれを測定したときのデータとの関係を示すグラフ）を用いるなど注意が必要である。
- 深さ数百 μm の膜でも基板まで短時間で深さ方向プロファイルを取得できる。

■ 参考文献

1) 大西孝治，堀池靖浩，吉原一紘 編：固体表面分析，講談社サイエンティフィク (1995)

30. 四重極質量分析計
(Quadrupole Mass Spectrometer：QMS)

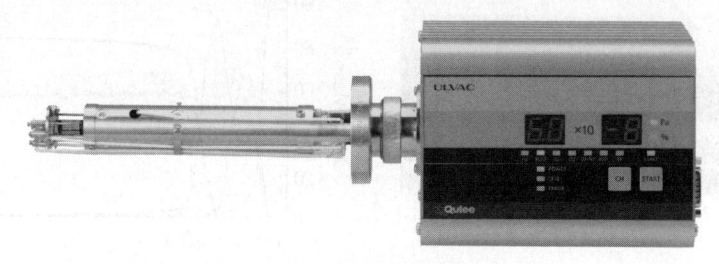

図 30.1　四重極質量分析計の外観
（提供：(株)アルバック）

■ **用途**
- ガスの質量分析
- ガス漏れ検出

■ **得られるデータ**
- 試験片からイオン化された分子の質量（分子量）スペクトル
- イオンの割合
- 一般的に測定できる分子量は 1 から 400 まで。

■ **分析できる試料**
- 真空中でガス化できるもの。
- 材料表面に吸着した有機物質を真空中で脱離して測定することに向いている。
- 同一の試料を繰り返し分析することはできない。

■ **原理**

【装置の構造】

図 30.2 に質量分析計のセンサ部の構成を示す。本センサの左端が真空

装置に取り付けられており，真空中を漂うガス分子がフィラメントの熱によりイオン化される。ガス分子は電子をフィラメントに放出し，ガス分子自身はプラスの電荷を帯びる。これによりマイナス電極で加速され，四重極フィルタに向けて真っ直ぐに打ち出される。

【四重極フィルタ】

四重極フィルタは図30.1に見える長い管の中にあり，四つの電極には高周波電圧と直流成分が重なって加えられている。相対する電極を電気的に結合し，隣り合う電極には反転した位相の高周波を印加する。この中をイオンが通過するとき，高周波により振動しながら通過することになる。

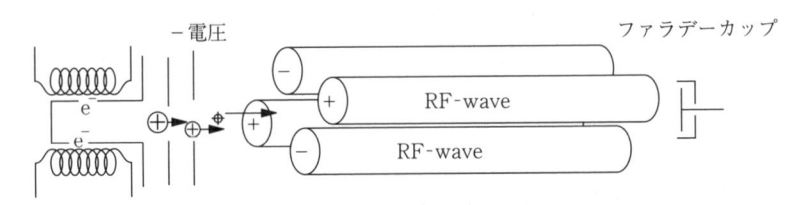

図30.2 四重極質量分析センサの構成

【イオンの分離】

電圧，周波数に応じ，電荷／質量の比が適当なイオンのみ安定な振動をし，電極内を通過し検出器（ファラデーカップ）に到達する。それ以外のイオンは振動が大きくなり，電極に衝突するため検出器に到達できない。高周波電圧を変化させることにより，イオンのスペクトルを求めることができる。

■ 試料の準備方法

特になし。

■ データの見方，事例紹介

【水素透過試験の例】

・ 図30.3は，ダイヤモンドライクカーボン（DLC）膜をコーティング

したステンレス鋼 SUS304 に水素透過試験を実施したときの原子状水素の透過試験中のモニタ画像である。ステンレス鋼およびダイヤモンドライクカーボン膜を透過してきた原子状水素は四重極マスフィルタを通して原子量 1 の H^+ と原子量 2 の H_2 および酸素と結合した H_2O、またダイヤモンドライクカーボン膜の炭素と酸素の結合した CO や CO_2 が検出されている。

- 水素は水素 H と水素分子 H_2 のところでピークが分かれるはずであるが、実際には一つのピークのような形で現れ、それぞれを判別することは難しい。また N_2 と CO はともに質量 28 のところで検出されるので、四重極マスフィルタではこの二つを判別することはできない。質量分析にはいろいろな方法があるので、分析種により使い分けることが大切である。

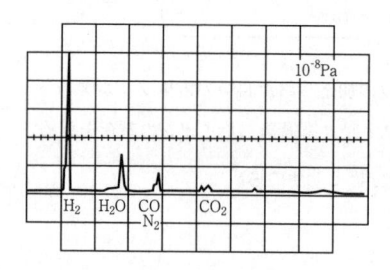

図 30.3 モニタ画面の例（DLC 膜をコーティングしたステンレス鋼の水素透過試験）

■ **特徴、ノウハウ、オプション**
- 装置に大きな磁石を必要としないため小型である。
- 質量分解能は磁場偏向型フィルタに比べると低コストである。
- マスフィルタにはほかに飛行時間型（高感度）、磁場偏向型などがある。

■ **参考文献**
1）キヤノンアネルバ株式会社：四重極質量分析計マニュアル
2）株式会社アルバック：Qulee 取扱説明書

31. ガスクロマトグラフ

(Gas Chromatograph：GC)

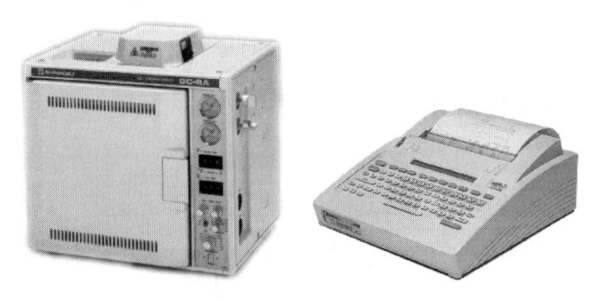

図 31.1 ガスクロマトグラフの外観（装置本体 GC-8A と
データ処理装置 C-R8A：（株）島津製作所製）

■ 用途
- 混合気体の成分の定性または定量分析

■ 得られるデータ
- 混合気体に含まれる各気体成分の種類およびその割合。
- FID 式検出器を用いると数 ppb（parts per billion; 10 億分の 1）の高感度で微量成分を分析できる。また TCD 式検出器では感度はあまり高くないが，キャリアガス以外のガス成分を検出できる。

■ 分析できる試料
- 気体（ガス）試料
- 液体でも低沸点（カラムの最高使用温度（250℃程度）で気化するもの）であれば分析することができる。
- 試料に合わせて適切な検出器を選定することにより，ほとんどの無機，有機，ハロゲン系の気体試料を分析できる。
- オゾン（O_3），過酸化水素（H_2O_2），過酸化物（CH_3OOH など）など反応性が高く，カラムの中で容易に反応・分解する化合物は分析できない。

- 同一の試料を繰り返し分析することはできない。

■ 原理

【構造】

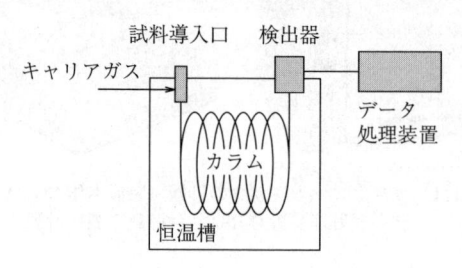

図 31.2 にガスクロマトグラフの基本構成を示す。ガスクロマトグラフは，キャリアガス導入系，試料導入口，カラム，検出器，恒温槽，データ処理装置から構成される。なおガスクロマトグラフ法のことをガスクロマトグラフィ（gas chromatography）と呼ぶ。

図 31.2 ガスクロマトグラフの基本構成

【試料導入口】

試料導入口は気化器に直結している。気化器の温度がカラム温度および検出器温度より高い場合，試料の一部がカラムや検出器に凝縮してトラブルの原因になる。カラムの温度は気化器より 30℃ 程度高めに設定するとよい。

【キャリアガス】

ヘリウム，アルゴン，窒素などの不活性ガスが用いられ，一定流量でカラムの中を流れている。試料導入口から注入された微量ガス成分は，キャリアガスによってカラムの中を流通し検出器まで導かれる。カラム温度を一定で分析する場合（恒温分析）と，一定速度で上昇させる場合（昇温分析）の 2 通りがある。昇温するとキャリアガスの体積流量が時々刻々変化するため，質量流量計を用いて流量制御する。

【カラム】

大別して，パックドカラム（内径数 mm）とキャピラリーカラム（内径

1 mm 以下）に分類される。パックドカラムで混合ガスを分離する原理を図 31.3 に示す。シリカなどを主成分とする粉状の担体に不揮発性の液体をコーティングしたものを充填剤と呼び，カラムの中に一様に充填されている。試料はキャリアガスとともにカラムを移動する間に充填剤と吸着・脱着を繰り返す。充填剤と試料の相互作用の強さによって吸着・脱着を繰り返す回数が異なるため，カラム出口ではそれぞれの成分が単離される。キャリアガスの流量，充填剤の種類，カラム温度など分析条件を適切に選ぶことで各成分をうまく単離できる。分析の対象となるガスに対応してさまざまなカラムが販売されており，メーカーが提供するデータベースや種々の分析例に基づいて適切なカラムを選定する（図 31.7, 図 31.8 参照）。

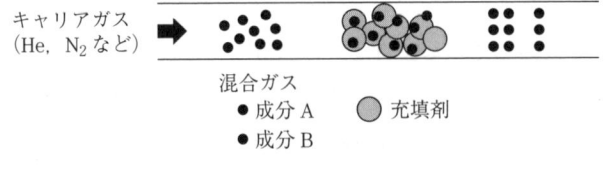

図 31.3 パックドカラムにおける混合ガス分離の原理

【検出器】

カラムによって分離された微量ガス成分を検知して電気信号に変換する。分析の対象となるガス種によって，TCD（汎用），FID（有機化合物），AFID（N，P 化合物），FPD（S，P 化合物），ECD（ハロゲン，S，N，O）などさまざまな検出器がある。本項では，最もよく用いられる TCD と FID について概要を述べる。

TCD（thermal conductive detector）：気体の熱伝導率の違いを利用してガスを検出するもので，原理的にキャリアガス以外のすべての成分を分析できる。図 31.4 に示すように，四つの熱フィラメントを使ってホイーストンブリッジ回路を構成しており，通常はキャリアガスだけが一定の流量で流れてホイーストンブリッジ回路は平衡に達している。ここに，キャリア

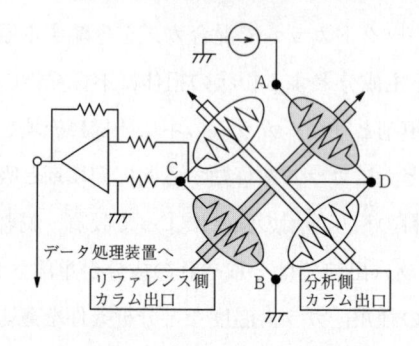

図31.4　TCD検出器の回路図
（提供：(株)島津製作所）

ガスと異なる熱伝導率を有する気体成分が流入すると，フィラメントの温度が変化し，電気抵抗が変化する。その結果ホイーストンブリッジ回路の平衡が崩れ，図31.7に示すようなスペクトルが得られ，ガス成分が検出できる。構造が簡単で低価格であるため汎用検出器として重用されている。

図31.4において，A-B間に一定の電圧をかけることでフィラメントに流れる電流（TCD電流），すなわちフィラメントの温度を制御する。TCD電流の約3乗に比例して感度は増大するが，フィラメントの寿命は短くなる。また，酸素や腐食性ガスを分析するとフィラメントの寿命を縮める。

キャリアガスと試料ガスの熱伝導率の差が大きいほど感度が高くなるため，通常はキャリアガスとしてヘリウムを用いる。一方，水素とヘリウムは熱伝導率の差が小さいため，水素を高感度で分析する場合ヘリウムは適さない（後述）。

FID（flame ion detector）：**図31.5**に示すように，カラムで分離された有機化合物が水素炎の中で燃焼（または熱分解）するときに生じるイオンをコレクタで集めて検知する。C–H結合を有する炭素がイオン化されやすいため，ほとんどの有機化合物に対して感度を示す。安定性が高く感度が高いのが特徴で，0.01 ngの微量成分を検出できることもある。ただし，カルボニル基やカルボキシル基に対する炭素には感度がない（HCHO（ホルムアルデヒド），HCOOH（ギ酸）など）。これは，C=O二重結合に対す

31. ガスクロマトグラフ

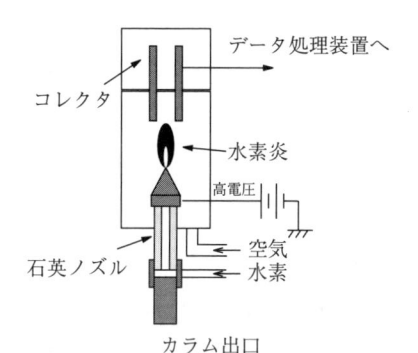

図 31.5 FID 検出器の原理図
（提供：(株)島津製作所）

る炭素が有効にイオン化されないためである。同様の理由により，CO，CO_2 は酸素と結合した炭素を有するため FID では分析できない。水素炎の温度は，水素と空気の混合割合で決まる。高い感度で分析するためには，水素炎の温度がなるべく高くなるように水素と空気の流量を設定する。また，水素炎は目視で確認できないため，注意を要する。ここでは，原理を説明するため，便宜的に記載する。

■ 試料の準備方法

① 実験系から試料を採取する場合，反応器の後流に設けたサンプリング孔などから，マイクロシリンジ（注射器）を使ってガスを採取する。図 31.6 に種々のマイクロシリンジの例を示す。水蒸気などの凝縮成分がある場合，コールドトラップを用いてこれらを除去してから試料を採取する。

図 31.6 マイクロシリンジの例

② 実験系とガスクロマトグラフを配管で接続し，オンラインでガスをサンプリングする方法もある。しかし，流路の圧損が大きく，サンプリングのミスによる測定誤差を招きやすい。試料に水蒸気などが含まれる場合，凝縮成分が配管を閉塞させるなど問題が生じることがある。

③ 遠隔地でガスをサンプリングする場合，あるいはガス成分が時間的に変動している場合，一定時間（数分から数十分）かけて試料をサンプリングバックに採取する方法が用いられる。採取したガスはマイクロシリンジを用いてガスクロマトグラフに打ち込み，時間平均量として試料を分析する。

■ データの見方，事例紹介

【吸着型充填剤（活性炭）を用いて都市ガスを分析した例】

図 31.7（a）に分析結果を示す。各成分に対応するピークが現れる時間を保持時間という。有機化合物は，炭素数が増えるほど充填剤との相互作用が強くなるため保持時間は長くなる。保持時間が長いほど分子拡散によってピークが幅広になる。このような場合，カラム温度を昇温しながら分析（昇温分析）すると，保持時間を短くしてシャープなピークを得ることができる。昇温分析によって分析時間を短縮できるメリットもある。ポリマー型充填剤を用い，低級アルコールを分析した例を図（b）に示す。検出器が異なっても，データ処理装置で得られるスペクトルの形状はほぼ同じである。低級アルコールは常温常圧で液体であるが，沸点がカラム温度より低ければ分析に供することができる。

分析の対象となるガスの種類がすでにわかっている場合，既知濃度のガ

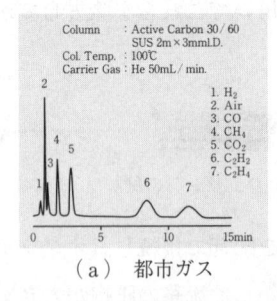

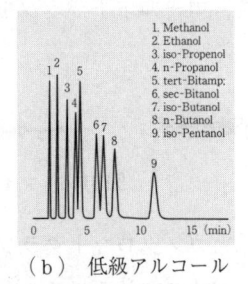

(a) 都市ガス　　(b) 低級アルコール

図 31.7　ガスクロマトグラフによる分析例（(a) の分析条件は図中参照。(b) の分析条件は Column:Gaskuropack 54 80/100, SUS 2m × 3mmI.D., Col.Temp.:200℃, Carrier Gas:N2 28mL/min, Detector:FID）

スを分析して保持時間とピーク面積の関係をあらかじめ調べることで，定性および定量分析が可能になる。ピーク面積はガスクロマトグラフで検出された各成分の絶対量を直接反映しているので，あらかじめ検量線を作成していなくても，半定量的に個々のガス成分の増減を知ることができる。ただし，補正係数が未知の場合（後述），分析結果の解釈を大きく誤る場合があるため注意を要する。

【プロピレンに含まれる不純物の分析例】

図31.8に測定データを示す。C_3H_6（4番目のピーク）のピークは左右対称でなく，すそ野が流れるような形状を呈しており，これをテーリングという。すそ野には小さなピーク（5〜9）が重畳しており，これら微小ピークの面積を求めるときにはテーリング処理と呼ばれる演算が必要になる。図31.9（a）では二つのピークの大きさがほぼ同じで，すそ野がわずかに重なっているだけなので，垂直分割によってそれぞれのピーク面積を求めるのが妥当である（図中①の破線）。テーリングしている場合，図中②の破線で表すようにベースラインを演算によって求め，微小ピークの面積を求める（これをテーリング処理という）。このような波形処理条件をデータ処理装置が自動判別している場合，テーリング処理が施されず垂直分割されるときがある（図中③の破線）。データ処理装置は購入時のデフォルト設定のまま分析に供するのではなく，説明書をよく読んで適切な波形処理条件を施してから分析することを勧める。特に，微量成分を計測するときは，テーリング処理をするか否かで分析結果が大きく異なるので

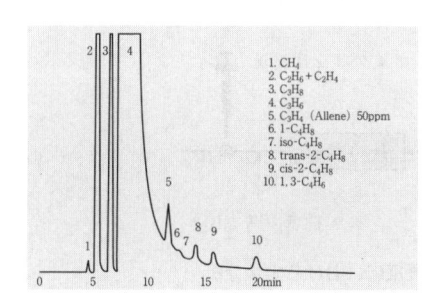

1. CH_4
2. $C_2H_6 + C_2H_4$
3. C_3H_8
4. C_3H_6
5. C_3H_4 (Allene) 50ppm
6. $1-C_4H_8$
7. $iso-C_4H_8$
8. $trans-2-C_4H_8$
9. $cis-2-C_4H_8$
10. $1,3-C_4H_6$

図31.8　テーリングピークの例（Column: Sebaconitrile 25% Uniport C 60/80, SUS 10 m×3 mmI.D., Col.Temp.:40℃ Carrier Gas:N_2 30mL/min, Detector:FID）

31. ガスクロマトグラフ

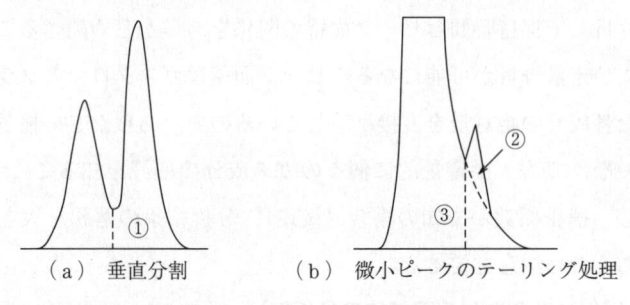

（a） 垂直分割　　　（b） 微小ピークのテーリング処理

図31.9　重なったピークの分割処理

注意が必要である。

【標準ガスを用いた定量分析の例】

　ガス成分を定量分析するためには，既知の分量のサンプルをあらかじめ分析して校正曲線を作成しなければならない。分析条件（キャリアガス流量，カラム，温度など）を変化させなければ，検量結果は各ガス成分に固有の値として定量分析に用いることができる。さらに，化学反応等の外的要因に依存した"補正係数"も考慮しなければならない。"校正曲線"と"補正係数"を正しく反映させることで，定量分析が可能になる。メタンの水蒸気改質を例に，具体的なデータ処理方法を説明する。

・　図31.10に計測過程を模式的に示す。試料のサンプリングに際し，マイクロシリンジの容量を100 μlと仮定する。標準ガスとして原料CH_4に対して10 vol％のN_2を添加すると，反応前にサンプリングされるガス組成は図31.11の①で表される。ここでCH_4の転換率として50％を仮定すると，反応器から出てくるガス成分は以下のようになる。ただ

メタンの水蒸気改質反応　　マイクロシリンジ
$CH_4 + H_2O \rightarrow CO + 3H_2$

CH_4 / H_2O → 改質器 → H_2O除去

標準ガス（N_2）

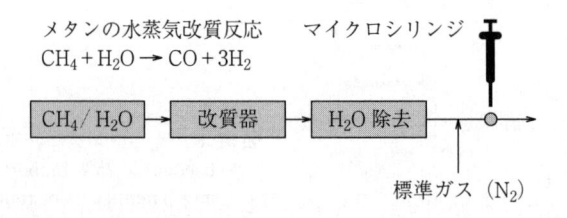

図31.10　メタン水蒸気改質反応における定量分析

し，H_2O はあらかじめ除去するため計算では考量していない。

　　未反応原料：$CH_4 = 45\,\mu l$

　　標準ガス　：$N_2 = 10\,\mu l$

　　反応生成物：$CO = 45\,\mu l$，$H_2 = 135\,\mu l$

すなわち，改質反応の後は $235\,\mu l$ の混合ガスが得られ，図の②で表されるガス組成となる。実際の水蒸気改質反応では CO_2 も生成されるが，ここでは簡単のため省略している。

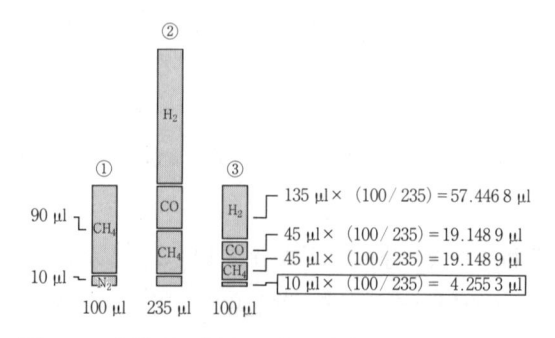

図 31.11 標準ガスを用いた補正係数の求め方と定量分析

- マイクロシリンジでサンプリングする分量は $100\,\mu l$ 一定であるから，GC で得られる各成分の絶対量は③になる。N_2 は改質反応に関与しないにもかかわらず，図の③の状態ではその総量が見かけ上減ったように見えることに注意してほしい。GC で計測されるのは③の状態であるが，補正係数を考慮することで反応後の状態②を求め，図の①と②の差から転換率や選択率を求める。補正係数は $100/235 = 0.4255$ として求められる。N_2 は化学反応に関与しないため，図に示した N_2 に着目すると補正係数を簡単に求めることができる。

　　$4.2553\,\mu l / 10\,\mu l = 100\,\mu l / 235\,\mu l = 0.42553$

- 一般に原料（CH_4）の転換率はわかっていないので，図に示すようなモル数（体積）の変化をあらかじめ予測することは不可能である。しか

し，標準ガス（N_2）を用いれば，複雑な化学反応を考慮しなくても補正係数を簡単に求めることができる。補正係数は CH_4 転換率によって大きく変化するため（CH_4 転換率 10% のとき補正係数は 0.787, 50% で 0.426, 90% で 0.292），これを分析結果に反映させなければ結果を誤ることになる。

■ **特徴，ノウハウ，オプション**

- 検出器，キャリアガス，カラムの組合せによって分析できる試料が決まる。キャリアガスとカラムは分析の対象によって自由に交換できるが，検出器は装置に固定で交換できない。数種類の検出器を搭載したガスクロマトグラフも販売されているが，一般に高価である。

- 分析はサンプリングしたガスごとにバッチ処理で行う必要がある。また計測に比較的長い時間を有する（数分〜数十分）。このため気体試料の連続モニタリングはできない。

- **H_2 の分析**：水素の分析には TCD を用いる。しかし，キャリアガスとしてヘリウムを用いると両者の熱伝導率の差が小さいため，水素を高感度で分析するのが難しい。このような場合，キャリアガスとしてアルゴンを用いれば水素を高い感度で分析できる。ただし，アルゴンを用いると水素以外のガスに対する感度は大きく低下するので注意を要する。

- **CO，CO_2 の分析**：炭化水素を分析する場合，反応系にもよるが CO，CO_2，H_2 が共存することが多い。いずれも無機ガスなので TCD を用いることになるが，キャリガスとしてヘリウムを用いると H_2 が検出できなくなる。一方，アルゴンを用いると特に CO_2 との熱伝導率の差が小さくなり感度が著しく損なわれる。したがって，CO，CO_2 を高感度で分析するためには，メタナイザーを用いてこれらを一旦 CH_4 に転換してから FID 検出器で分析する。なおメタナイザーとは，水素雰囲気下，300〜400℃で Ni などの触媒を使って CO，CO_2 を CH_4 に転換する装置で，カラム出口と検出器の間に接続して用いる。

- **カラムのエージング**：カラムの中に H_2O などが残留し蓄積すると，

ピークの形状が変化し分析結果に支障をきたす。このような場合，キャリアガスを流したままカラムを昇温し，充填剤に残留した成分を取り除く。注意点として，カラムの温度は規定された使用最高温度以上に昇温しない，流出成分が検出器に流れ込まないようにカラム出口を検出器から外す，などがあげられる。キャリガスとして H_2 を用いる場合，カラムから流出した水素が恒温槽の中に充満して爆発の原因になるので，H_2 以外のキャリアガスに切り替えてエージングする。エージングを実施した後もベースラインが安定しない場合には，カラムの劣化が考えられる。

・ **ガスクロマトグラフ質量分析計**：ガスクロマトグラフの検出器として四重極質量分析計（30章）を用いるものをガスクロマトグラフ質量分析計（GC-MS）と呼び，未知ガス成分の同定，定性・定量分析に大きな威力を発揮する。GC-MSを用いれば，保持時間，ピーク面積に加えて各成分の質量ピークも得られるのが特徴である。質量分析計を単体で用いる場合，混合ガスをイオン化することになるため，各ガス成分に由来するさまざまな質量ピークが重畳し，データの解析がきわめて困難となる。しかし，ガスクロマトグラフと組み合わせればガス成分をあらかじめ単離できるため，質量ピークは物質に固有なデータとして解析に供することができる。これにより，未知成分の同定，同位体反応トレースなど，本来質量分析計が有する機能を最大限発揮して高度なガス分析を実現できる。

■ **参考文献**

1) 荒木　峻：ガスクロマトグラフィー（第3版），東京化学同人（1981）
2) GLサイエンスホームページ（2011年7月8日）：http://www.gls.co.jp/
3) 日本分析化学会ガスクロマトグラフィー研究懇談会 編：ガスクロ自由自在 Q & A（分離・検出編），丸善（2007）

　　※同（準備・試料導入編）も参照されたい。

32. フーリエ変換型赤外分光分析装置
(Fourier Transform Infrared Spectroscopy：FT-IR)

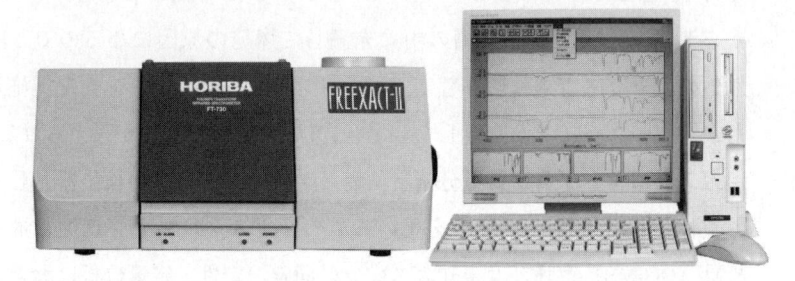

図 32.1 フーリエ変換型赤外分光分析装置（提供：(株)堀場製作所）

■ **用途**
- 赤外線による有機物の定性定量分析
- 大気中での分析

■ **得られるデータ**
- 試料の吸光度スペクトル
- 同スペクトルから赤外吸収に活性な化学結合の種類が得られる。
- 検量線を利用すれば，同スペクトルから定量分析が可能。
- 全反射測定（attenuated total reflection：ATR）法を用いることで，試料表面について高感度で吸光度スペクトルを得ることができる。薄膜にも利用可能。

■ **分析できる材料**
- 気体，液体，固体ともに分析可能。固体の場合には平板形状で数 cm 角が目安。
- 薄膜の場合には Si 基板に堆積させた試料がよく用いられる。
- 気体，液体の場合には装置付属のセルを用いる。
- 同一の試料を繰り返し分析することができる。

32. フーリエ変換型赤外分光分析装置

■ 原理

【装置構成】

図 32.2 にフーリエ変換型赤外分光分析装置の基本構成を示す。試料を通過した光をディテクタで捉え，フーリエ変換により赤外線吸収スペクトルを求める。

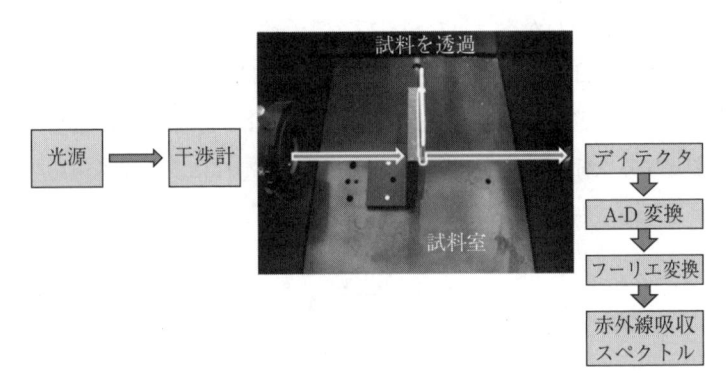

図 32.2 フーリエ変換型赤外分光分析装置の基本構成

【光エネルギーの吸収，放出】

固体，液体，気体の分子に光が照射されると，量子条件を満足するとき，光のエネルギーの一部は分子に吸収される。これは，二つの量子状態間のエネルギー差を ΔE，プランク定数を h，光の振動数を ν として次のように表される。

$$\Delta E = h\nu \tag{32.1}$$

ΔE は，準位1と，それよりエネルギーの高い状態の準位2のポテンシャルエネルギーをそれぞれ E_1, E_2 とおくことによって

$$\Delta E = E_1 - E_2 \tag{32.2}$$

と表される。準位1の分子は ΔE のエネルギーを吸収することにより準位2に遷移し，準位2から準位1に遷移する場合には ΔE のエネルギーの光を放出する。

32. フーリエ変換型赤外分光分析装置

【分子のエネルギー状態】

分子のエネルギーは，電子エネルギー，振動エネルギー，回転エネルギーの三つからなっており，それぞれにエネルギー準位がある。これを模式的に表すと**図 32.3**のようになる。エネルギーの差は電子準位で最も大きく，その内に振動準位があって，さらにそれぞれの振動準位内に回転準位のあることがわかる。したがって，電子遷移により吸収・放出される光のエネルギーは大きく，回転遷移によるものは小さくなる。振動準位による光の波長は通常 $1 \sim 100\ \mu m$ で，赤外線および遠赤外線に相当する。赤外線吸収分光分析は，主にこの振動準位間の遷移による赤外線の吸収を測定するものである。

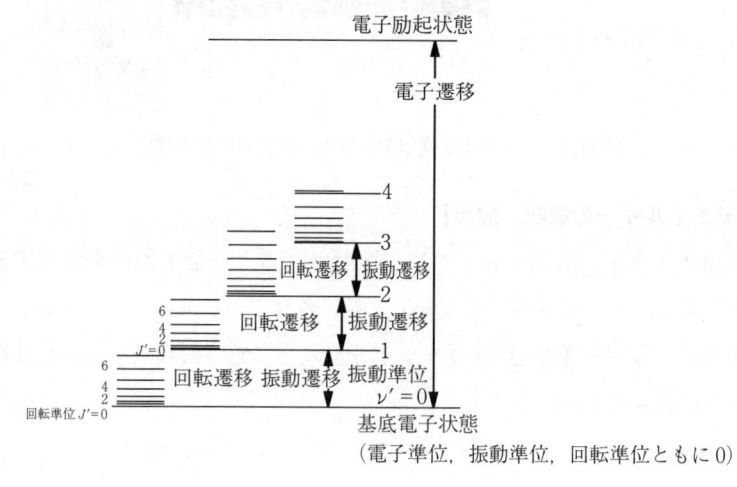

図 32.3 分子のエネルギーを表す模式図

【双極子モーメント】

分子が赤外線を吸収するためには，振動により双極子モーメントが変化する必要があり，双極子モーメントの変化量の大きいほど吸収も大きくなる。CO_2 のように反転対称性の分子では，ラマン活性な振動モードは赤外線吸収に対して不活性である。

32. フーリエ変換型赤外分光分析装置

■ 試料の準備方法

① 固体試料は表面をクリーニングし，十分乾燥させる。表面に官能基が残存すると，分析に反映される場合があるので注意する。

② 固体の場合には試料台に固定し，液体，気体の場合にはセルに入れて通常は透過光で測定する。

③ NaClやKBrなどの窓材に数滴の液体試料を滴下し，もう一枚の窓材で挟むこむ方法もある。

④ 気体の場合には，10 cmから数十mのセルを用いる。

⑤ 表面分析の場合には全反射測定用（ATR）の治具を用いる。

■ 操作，データの見方，事例紹介

【BN系材料の測定例】

図32.4にBN系材料の測定例を示す。横軸を波数，縦軸を吸光度として，ピーク位置により結合を特定する。この場合にはB-Nのsp2結合が主の材料であること，B-H，N-Hの結合のあること等がわかる。化学結合と波数との関係については，多くのデータベースがある。

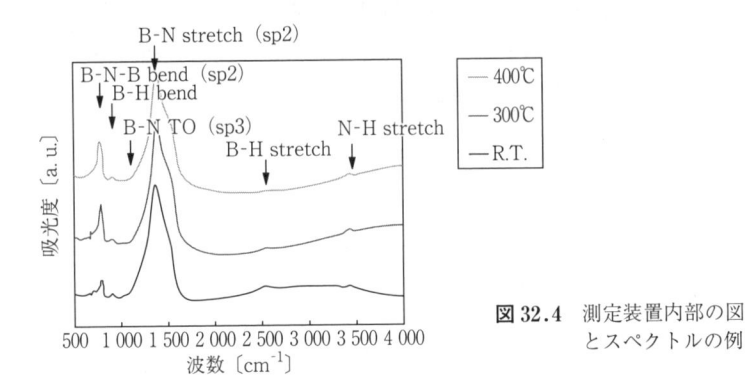

図32.4 測定装置内部の図とスペクトルの例

【アクリルのスペクトル例】

図32.5に示すように，特徴がわかるように横軸の波数スケールを変更することもできる。

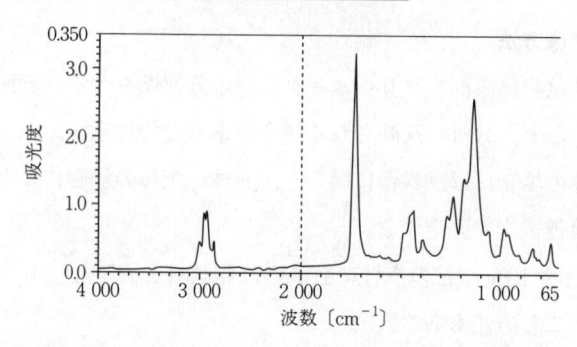

図 32.5 アクリル（polymethylmethacrylate：PMMA）のスペクトル例（提供：(株)堀場製作所）

■ 特徴，ノウハウ，オプション

- 簡便・高速な測定法である。また再現性が良い。
- 赤外線の吸光度は原則としてベールの法則に従うので，定量分析が可能である。
- 回折格子を用いて分光する分散型 IR と比較すると，高分解能である。
- 異性体を区別できる。例えば天然油脂に多く含まれるシス体とマーガリン等に含まれるトランス体を区別できる。
- ライブラリーサーチにより，吸光度ピークから自動的に化学結合を割り出すオプションもあり便利。以下に例を示す。

$-CH_2-$	$2930\ cm^{-1}$, $2850\ cm^{-1}$
$>CH-$	$2890\ cm^{-1}$
$=C-H$	$3100 \sim 3000\ cm^{-1}$
芳香族 C-H	$3030\ cm^{-1}$

- 二次元平面のマッピング測定のできる赤外顕微鏡も販売されている。

■ 参考文献

1) 理化学事典第 4 版，岩波書店（1987）
2) 水池　敦，河口広司：分析化学概論，産業図書（1978）
3) 田隅三生 編：FT-IR の基礎と実際第二版，東京化学同人（1994）

33. X線透過試験装置

(X-ray Transmission Radiographic Testing：XRT)

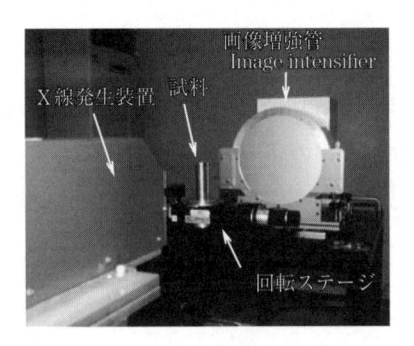

図33.1 X線透過試験装置の外観

■ **用途**
- X線による材料内部の検査
- 材料内の構造と寸法測定
- 内部欠陥や異物検査
- 大気中での分析

■ **得られるデータ**
- 材料の透過写真または透過画像
- 二次元のデジタルデータ
- X線断層画像（X-ray computed tomography image）

■ **分析できる試料**
- X線を透過できる物質であれば，化学的状態や物質の状態（固体，液体，気体）は問わない。
- サンドイッチ構造体，例えば，金属で囲まれた高分子材料内の欠陥や異物の検査は難しい。
- 同一の試料を繰り返し分析することができる。

33. X線透過試験装置

■ 原理

【構造】

　X線透過試験装置は，一般にX線を発生させるX線発生装置と，試料台，透過X線の透過コントラスト像を結像する検出器で構成される。X線発生装置は，X線管球内の陰極の金属フィラメントを加熱し，陰極から出る熱電子を加速してターゲット（対陰極）に衝突させて，ターゲットを構成する元素固有のX線を放出させる。透過試験用のX線源としては，試料厚さを透過するだけの高エネルギー線が不可欠であり，一般にはタングステンターゲットを用いる。タングステンから放出されるX線は，連続した分布のスペクトルで連続X線，または，白色X線という。**図33.2**にX線透過試験の原理を示す。

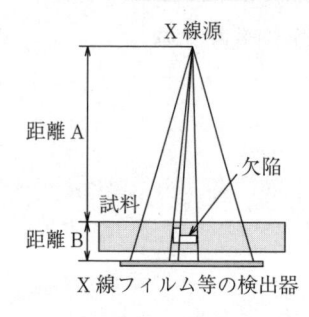

図33.2　X線透過法による非破壊試験の原理

【X線の吸収】

　連続X線を対象試料に入射すると，試料内を通過するX線は，各行路上に存在するさまざまな物質に吸収，または，特定面で回折されながら減衰し，試料裏面から透過する。X線が物質中を1cm通過する間に吸収される割合を線吸収係数（liner absorption coefficient）という。**図33.3**に示すように，強度I_0のX線を材料に入射し，表面からx cm離れた位置の強度をI_xとすると，I_xは

$$I_x = I_0 e^{-\mu x} = I_0 e^{-(\mu/\rho)\rho x} \tag{33.1}$$

のように減衰する。ここで，μは線吸収係数であり，物質の密度をρとす

ると，μ/ρ は質量吸収係数（mass absorption coefficient）と呼ばれ，物質固有の値であることが知られている．

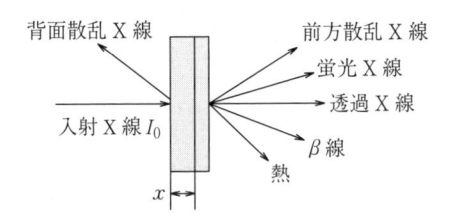

図33.3　材料によるX線透過

【X線画像】

式（33.1）より，X線を照射する材料や透過したX線が通過した行路上の物質が異なれば，透過するX線の減衰，すなわち，透過強度が異なることが理解できる．また，空孔のような欠陥が材料内部に存在すれば，欠陥部ではX線は吸収されないので，透過するX線の強度は高くなる．逆に吸収されやすい物質が局所的に存在すれば，周りを透過したX線より強度は低くなる．その結果，試料を透過したX線はX線源と試料の延長線上に配置した検出器のX線フィルムを感光し，材料の内部情報が透過コントラスト画像として可視化できることがわかる．この現象は，胸部レントゲン撮影や空港などの手荷物検査として知られているX線撮影と同じ現象として理解できる．

【検出器】

検出器にX線フィルムを用いるフィルム法と，半導体デバイスや蛍光体を用いるその他の方法がある．国内の法規で認められているのはフィルム法で，原子力機器などの検査もフィルム法である．フィルム法では，透過X線により感光されたフィルムから透過写真を得る．検出器に半導体デバイスや蛍光体を用いる方法では，透過X線のコントラストから二次元のディジタルデータを得る．検出器としては，画像増強管（image intensifier：II）の他に，半導体検出器（solid state detector：SSD），イメージングプレート（imaging plate：IP）がある．

33. X線透過試験装置

【断面画像】

図33.1のX線透過試験装置のように，画像倍増管と連動した回転ステージを用いることにより，X線断層画像（X-ray computed tomography image）を得ることができる。

■ 試料の準備方法

① 試料の前処理：特別な前処理は必要ない。ただし，試料表面の錆や異物（特にシールなどの紙），ゴミなどは十分取り除き，透過像に重畳しないようにする。

② 図33.2のようにX線源と検出器の中間に試料を置き，X線源から試料にX線を照射し，試料を透過したX線の透過コントラストを画像化する。

■ 操作，データの見方，事例紹介

【アルミナセラミックスの測定例】

図33.4は，X線CTにより撮影した，球状の閉気孔を有するアルミナセラミックス試料内部のX線断層写真を示す。図中の黒い円状領域が気孔を示す。気孔を通過する際にX線は吸収されないので，この領域では周りと比べてフィルムが感光し，黒くなる。

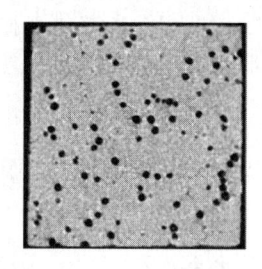

図33.4　アルミナセラミックスのX線断層写真

【セラミックス脱塵フィルタの測定例】

図33.5は，高温ガスタービン用のセラミックス脱塵フィルタ内部のX線断層写真を示す。脱塵フィルタは排気ガス内の粉塵を除去し，クリーンな気体として排気するフィルタで，筒形キャンドルフィルタの内外表面間で気体の通り道として気孔（開気孔）がつながっている。閉気孔と同様に，開気孔の領域部でフィルムが感光し，黒い領域がパーコレート（貫

通)した二次元気孔として黒く分布していることがわかる。

　この気孔を有するセラミックスの例のように，試料内部に気孔や鋳造時の引け巣などの欠陥がある場合は，その領域でＸ線は吸収されないので，欠陥はフィルム上で黒い像として検出される。

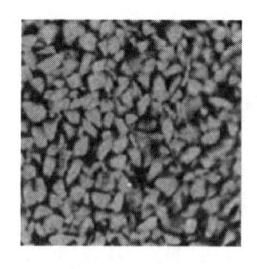

図 33.5　炭化ケイ素のＸ線断層写真

【三次元構造モデル】
　試料のＸ線断層写真を複数枚撮影し，断層画像間を補間して三次元構造モデルを作成できる。このモデルを有限要素法解析することで機械的性質や応力解析，強度・破壊予測を行うこともできる。詳細は文献などを参照されたい。

■　**特徴，ノウハウ，オプション**
- 試料上に透過度計，フィルム上に階調計をのせた状態でフィルムを撮影することにより，最適な撮影条件を決定することができる。
- Ｘ線が透過できる試料厚さは，材料を構成する物質の元素番号とＸ線発生装置に印加する電圧により決まる。また，検査領域の大きさや拡大倍率によって検出器に転写され，写し出される情報に差が生じる。すなわち，内部情報がすべてＸ線フィルムなどに写し出されるとは限らないことを頭に入れておくと誤解が起きない。
- 微量の物質や微細な欠陥は検出できないことが多い。また，Ｘ線透過試験装置のＸ線発生装置や管電圧によりＸ線源の強度が非常に弱いときは検査自体が困難となる。Ｘ線発生装置の選択や管電圧条件，照射距離Ａ，Ｂの設定なの測定条件の最適化などの工夫が必要である。
- Ｘ線透過試験の現場では，焦点サイズや管電圧の設定が異なるＸ線

発生装置を複数保有し，材質や試料寸法，最小分解能に応じてX線発生装置を選択し，最適条件で測定できるような工夫をしている。
- タングステンターゲットに印加する管電圧を変えると，波長範囲の異なる連続X線を取り出すことができる。一般に，厚い試料を測定するためにはより印加電圧を高くして波長の短いX線を，薄い試料を測定するには印加電圧を低くして波長の長いX線を用いる。
- X線透過試験よりも，γ線や中性子線を利用する放射線透過試験のほうが有効な場合もある。試料の材質や寸法，検出したい内部情報によって，有効な放射線を選択する必要がある。
- 図33.2の原理図からわかるように，照射面内の内部情報の識別と判別は可能だが，透過方向に点在する欠陥や異物の位置情報を得るのは難しい。三次元情報を得るためには，複数方向からX線透過試験を行うか，試料を回転させてX線断層撮影を行う必要がある。
- 物質によって線吸収係数や質量吸収係数は異なる。この係数差によって生じるX線透過率の差が透過コントラストとなる。線吸収係数や密度の高い物質（例えば鉛）は透過率が非常に低く，試料に含まれる元素の原子番号や密度，試料の厚みによっては透過像が観察できない。よって，検査に必要な管電圧と試料寸法を組み合わせ，最適な条件を見出す必要がある。原子番号と線吸収係数，質量吸収係数の値は，カリティなどの専門書を参照すること。

■ 参考文献

1) B. D. カリティ著, 松村源太郎 訳：X線回折要論新版, アグネ承風社 (1999)
2) 日本非破壊検査協会 編：非破壊検査工学叢書, 非破壊検査の最前線, (2002)
3) Y. Sakaida, Y. Sawaki and Y. Ikeda: J. Ceram. Soc. Jpn, S112-1, pp.1063-1070 (2004)
4) 水田安俊 他：非破壊検査, **58**, 6, pp.232-237 (2009)
5) 水田安俊 他：非破壊検査, **59**, 2, pp.86-89 (2010)

34. X線回折装置

(X-ray Diffractometer：XRD)

図34.1 X線回折装置の外観

■ **用途**
- X線による結晶構造解析
- 残留応力測定
- 大気中での測定

■ **得られるデータ**
- 試料の表面のX線回折パターン
- 多結晶材料の組成，状態分析，結晶構造，集合組織
- 残留応力
- 単結晶材料の結晶方位解析

■ **分析できる試料**
- 基本的に結晶質材料の固体に限る。アモルファス（非晶質）材料や気体，液体は測定できない。
- 固体の結晶質材料であれば，単結晶，多結晶とも測定できる。ただし，試料が単結晶か，多結晶かの違いにより，回折装置，解析・評価方法は異なる。詳細は文献1）などの専門書を参照すること。

- 一般に，多結晶材料の粉末を用いる。塊の試料の場合は適当な大きさに切り出す。
- 測定できる試料寸法は使用するX線回折装置によって決まる。
- 同一の試料を繰り返し分析することができる。

■ 原理

【構造】

X線回折装置は，一般にX線を発生させるX線発生装置と角度2θを測るゴニオメータ（入射X線に対して試料をθ回転させると同時に，検出部を2θ回転させる装置），X線強度を測定する計数装置，ゴニオメータと計数装置などを制御する制御演算装置で構成される。

【X線発生装置】

X線発生装置は，X線管球内の陰極の金属フィラメントを加熱し，陰極から出る熱電子を加速してターゲット（対陰極）に衝突させて，ターゲットを構成する元素固有のX線を放出させる。放出されたX線をターゲット元素の原子番号より1，2番若い元素（filter）により単色化したスペクトルを特性X線という。

【X線回折】

特性X線の波長をλとし，特性X線を材料に入射すると，X線の一部は波長が変わらず材料内の特定面で散乱される。材料内の特定面での散乱は，図34.2に示すように波の干渉として理解できる。すなわち，波長λのX線を結晶の特定面（このときの面間隔をdとする）に角度θで入射

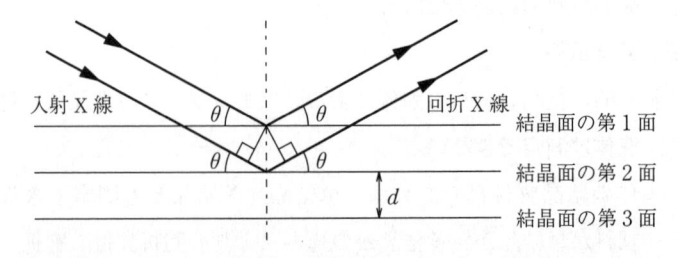

図34.2 材料の結晶面でのX線回折（ブラッグの回折）の原理

34. X線回折装置

すると, 第 1 面と第 2 面のそれぞれで入射角と同じ角度で回折する。1 面と第 2 面での行路差は $2d \sin \theta$ であるから, X線が強め合う条件は行路差が入射X線の波長の整数倍と等しくなる場合で, X線回折ではこの角度 θ をブラッグ角（bragg angle）と呼び, 次式のように表される。

$$n\lambda = 2d \sin \theta \tag{34.1}$$

■ 試料の準備方法

① 粉末材料の場合は, ガラス試料板上に粉末サンプルを固めて, 測定面を平らにする。

② 塊の試料（バルク材）の場合は, 穴のあいたアルミニウムの試料板を用いる。試料はアルミニウムの試料板に入る大きさに切り出し, アルミニウムの試料板の裏から, 試料表面が試料板表面と一致するように固定する。

③ 表面については特別な前処理は必要ない。ただし, X線を照射する領域の試料表面の錆や異物, ゴミなどは十分取り除き, 試料固定時にコンパウンドなどが付着しないようにする。

④ 工業製品や部品を切り出さず, そのまま測定するときは, 入射X線や回折X線の行路が試料により妨げられたり, 干渉しない条件でしか測定できないので, 測定ポイントや設置方法に注意すること。

■ データの見方，事例紹介

【X線回折パターン】

図 34.3 のX線回折計で, 試料に対するX線入射角を変化させると, 式 (34.1) より, 図 34.4 に示すような材料特有のX線回折パターンが得られる。図の例はスピネル（尖晶石）に Cr 管球の特性X線を照射したときの結果である。ICDD（international centre for diffraction data, 別名は joint committee for powder diffraction standards：JCPDS）に各種材料の回折データがまとめられ, 組成分析などに活用されている。

192   34. X 線 回 折 装 置

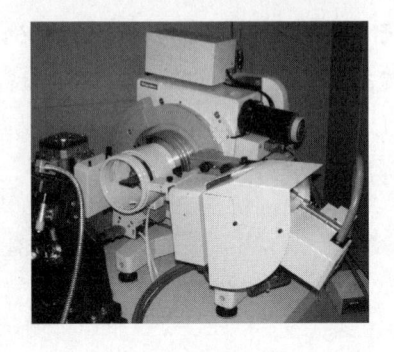

図 34.3　シンチレーション計数管によるX線回折計

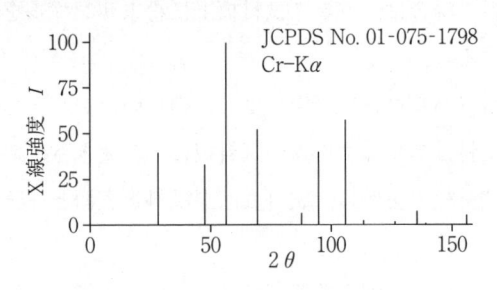

図 34.4　スピネルのX線回折パターン

【残留応力の測定例】

　図 34.5 のような X 線残留応力測定装置を用いれば，製品や部品表面に残留する応力を非破壊で測定することができる．図 34.6 に X 線による残留応力測定の原理を示す．材料表面内に引張応力が残留している場合，図（a）の回折条件を満足する粒子群から面間隔が縮まった d_1 状態の回折 X 線が計測される．同様に，図（b）では d_1 より広い d_2 状態の回折 X 線が，図（c）では d_2 よりさらに広い d_3 状態の回折 X 線が計測されることがわかる．このとき，試料表面法線と，入射 X 線と回折 X 線とがなす角の 2 等分線がなす角を ψ と定義し，$\sin^2\psi$ に対して式（34.1）より求まる回折角 2θ をプロットすると，図 34.7（a）のような負の傾きを示す直線関係を示す．同様な考え方で，材料表面内に圧縮応力が残留している場合は，正の傾きを示す直線関係となり，表面の残留応力状態によって図（b）に示すような $2\theta-\sin^2\psi$ 線図が得られる．実際の測定では，$2\theta-\sin^2\psi$ 線

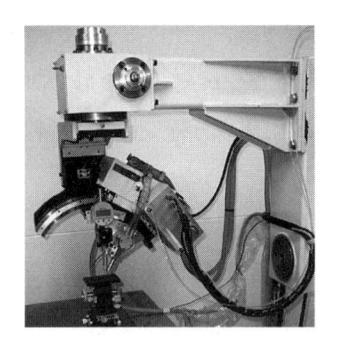

図34.5 ψ角ゴニオメータと直線型PSPCを用いたX線残留応力測定装置

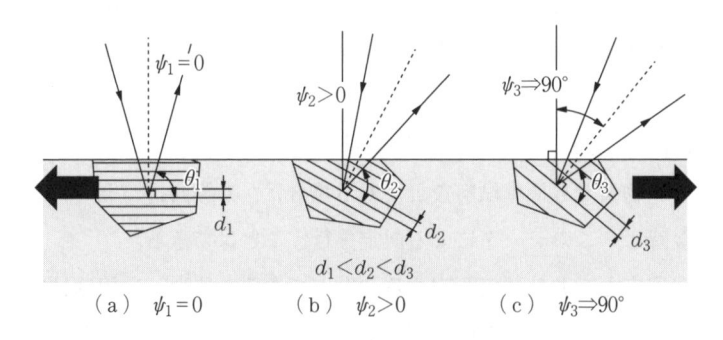

(a) $\psi_1=0$　　(b) $\psi_2>0$　　(c) $\psi_3 \Rightarrow 90°$

$d_1 < d_2 < d_3$

図34.6 X線残留応力測定の原理

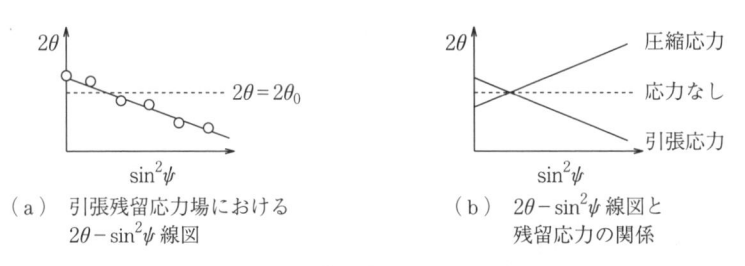

(a) 引張残留応力場における $2\theta - \sin^2\psi$ 線図

(b) $2\theta - \sin^2\psi$ 線図と残留応力の関係

図34.7 $\sin^2\psi$ 法による残留応力評価

図を得て，その傾きを調べれば良い．

■ 特徴，ノウハウ，オプション

・ 試料表面の情報が非破壊で得られる．

・ X線が侵入できる深さは，入射するX線の種類と照射する材料によって決まる．金属では，数 μm 程度，セラミックスでは数十 μm 程度であ

34. X線回折装置

り，それより深い試料内部の情報は得られない。
- X線回折の最大の特徴は，元素分析ではなく，化合物の形で同定でき，構成元素の状態を判別できる点にある（組成分析，状態分析）。
- 混合物か固溶体の区別もできる。
- 状態図で示されるような相状態や変態もその場観察できる。
- 微量の混合物は検出できない。また，回折X線強度が非常に弱いときも同定が困難となる。測定条件や照射領域などの工夫が必要である。
- 実験室のX線装置で測定できないような微量の混合物の同定や微小な領域の測定は，大型の放射光施設のX線を用いることで可能となる場合がある。
- ICDDに登録されていない物質は同定できない。ただし，登録されていない物質でも標準試料などがある場合は，X線回折パターンを測定して登録し，このデータによる同定を行うことはできる。
- 残留応力を非破壊で測定することができる。また，X線は材料内の各相の相応力そのものを直に測定できる。
- ラウエカメラを用いることで，多結晶材料や単結晶材料のラウエ斑点（結晶によるX線回折像）の写真が得られる。
- 入射側に**図34.8**のようなピンホールコリメータ（平行光を作る機器：$\phi 30\,\mu m \sim \phi 1.0\,mm$程度）や角型コリメータ（□$1.0 \times 1.0\,mm$，□$2.0 \times 2.0\,mm$，□$1.0 \times 4.0\,mm$程度）を取り付けることにより，

図34.8 ピンホールコリメータと湾曲型PSPCを用いた微小領域X線回折計

微小領域の測定を行うことができる。
- ゴニオメータに極図形測定装置を取り付けることにより，極図形が得られ，集合組織の解析ができる。
- シンチレーション計数管（放射線がある種の物質に当たると微弱な光を発する現象を利用して放射線を検出する装置）の代わりに位置敏感形比例計数管（PSPC）を取り付けることにより，大幅な時間短縮が可能となる。

■ 参考文献

1）B. D. カリティ著，松村源太郎 訳：X線回折要論新版，アグネ承風社（1999）
2）日本材料学会 編：X線応力測定法，養賢堂（1990）
3）I.C.Noyan and J.B. Cohen：Residual Stress, Springer-Verlag（1987）
4）田中啓介 他：放射光による応力とひずみの評価，養賢堂（2009）

35. 核磁気共鳴装置
(Nuclear Magnetic Resonance Spectrometer：NMR)

図35.1　核磁気共鳴装置の外観

■ **用途**
- 強力な磁場による有機化合物，高分子化合物の構造解析

■ **得られるデータ**
- 試料中の観測対象核からの核磁気共鳴（NMR）スペクトル
- 化合物の構造や物性を反映した緩和時間など。
- 試料内部の化学種濃度，速度，温度，拡散性データ
- 試料内部の構造や物性の二次元および三次元分布（磁気共鳴イメージング（MRI））

■ **分析できる試料**
- 液体，高分子，固体，気体（特殊な場合）
- 直径5mmか10mmのNMR用試料管に試料を封入できるもの。
- 同一の試料を繰り返し分析することができる。

35. 核磁気共鳴装置

■ 原理

【核磁気共鳴】

磁気モーメントを持つ原子核（^{1}H, ^{13}C, ^{31}P, ^{23}Na, ^{39}K など）は，図 35.2（a）に示すように，静磁場（H_0）中で周波数 ω_0（$\omega_0 = \gamma H_0$, γ：核種固有の磁気回転比）の歳差運動をしている。この周波数に等しい電磁波を照射すると，図（b）に示すように，核磁気共鳴現象が誘起され，磁化 M の向きを静磁場と直行させることができる。

【緩和過程】

図（c）のように，その後の緩和過程（再び磁化の向きが静磁場と平行に戻る過程）で受信される自由誘導減衰信号を増幅し周波数変換することで，測定核種のNMRスペクトルを得る。NMRスペクトルについては文献1）がわかりやすい。

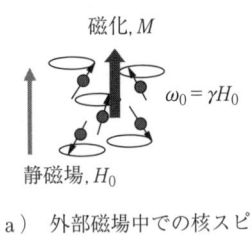

(a) 外部磁場中での核スピン

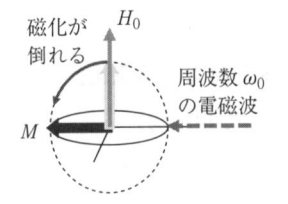

(b) 電磁波による磁化の運動

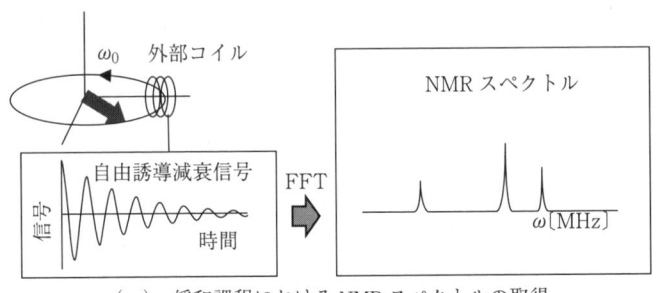

(c) 緩和課程におけるNMRスペクトルの取得

図 35.2　核磁気共鳴の原理

35. 核磁気共鳴装置

■ 試料の準備方法

① 直径 5 mm か 10 mm の NMR 用試料管に試料を封入する。**図 35.3** に試料管の例を示す。

② 試料は数 mg 程度は必要。イメージングでは、試料台の上などに試料を設置する。

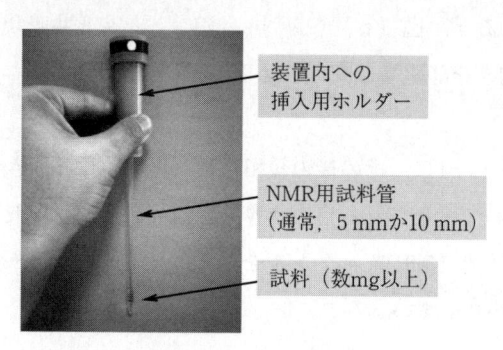

図 35.3 試料管の写真

■ データの見方, 事例紹介

【高分子の測定例】

図 35.4 に得られる NMR スペクトルの例（含水した高分子の乾燥過程における ^{1}H–NMR スペクトル）を示す。信号強度が徐々に低下し、ピーク周波数がシフト（化学シフトと呼び、装置周波数で正規化して ppm で表示）している。化学シフトは観測している原子の化学的環境を反映する。

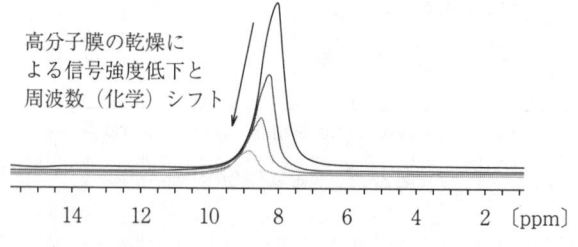

図 35.4 ^{1}H–NMR スペクトルの例（乾燥過程の高分子中の水分）

【フッ素系高分子膜の例】

図35.5はフッ素系高分子膜の固体 ^{19}F-NMR スペクトルの例である。それぞれのピークは高分子中の主鎖や側鎖に含まれるF原子に対応しており，高分子構造を解析することができる。

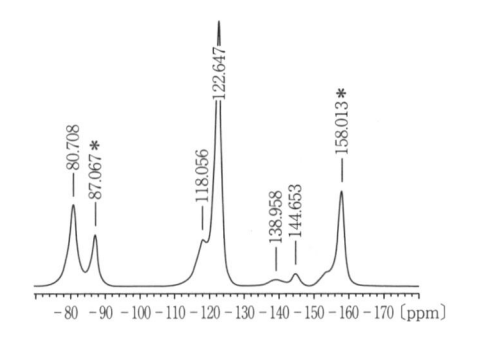

図35.5 固体 ^{19}F-NMR スペクトルの例（フッ素系高分子膜）

【イメージング】

イメージングでは，非破壊で試料内部を可視化できる。図35.6に粘土の縮流部における流動を可視化したものである。イメージングについては文献1)を参照のこと。

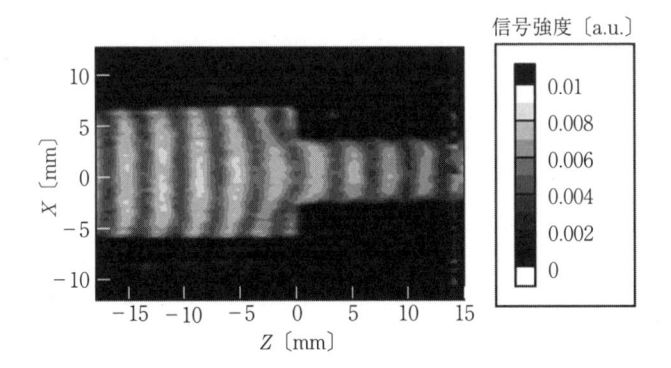

図35.6 イメージングの例（粘土の縮流部における流動の可視化）

■ **特徴，ノウハウ，オプション**
- 多様なパルスシーケンスを用いることにより，試料の化学構造だけでなく，物性（粘度，拡散係数など）も解析ができる。
- 光学計測が困難な試料（例えば，高分子材料）にも適用できる。
- 試料ダメージがない。
- 前処理の必要がない。
- 原理的に観測できない核がある（^{12}C など）。
- 構造分析としては感度が低く試料が数 mg 程度必要。

■ **参考文献**
1) 安藤喬志，宗宮 創：これならわかる NMR そのコンセプトと使い方，化学同人（1997）
2) 巨瀬勝美：NMR イメージング，共立出版（2004）

36. ラマン分光装置

(Raman Spectroscopic Analysis)

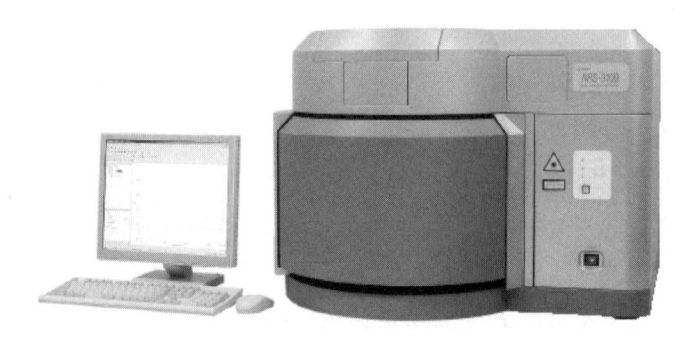

図 36.1 顕微型レーザラマン分光装置の外観（日本分光，NRS-3000）

■ 用途
- レーザ光による表面の化学的構造分析
- 大気中での分析

■ 得られるデータ
- 試料表面の化学種のスペクトルデータ（散乱光強度 vs ラマンシフト）
- 表面への吸着種の化学的構造

■ 分析できる試料
- 大気圧下で測定できるため，幅広い材料が観察可能である。
- 観察できる試料のサイズは一般的な顕微鏡のステージ上で観察できるようなサイズであればよい（顕微測定を行わない場合は，この限りではない）。

■ 原理
【分析の原理】

ラマン（Raman）分光法は，レーザ光の散乱現象を利用した分光法である。

36. ラマン分光装置

【レイリー散乱】

　ある分子に振動数 ν_i のレーザ光が入射する場合，つまりエネルギー $E = h\nu_i$ の光子が分子に衝突する場合を考える．衝突する光子のうち，ほとんどの光子は弾性散乱され，エネルギーを失わない．これをレイリー（Rayleigh）散乱と呼ぶ．レイリー散乱光の振動数は入射光の振動数と変わらない．

【ラマン散乱】

　ところが**図 36.2** に示すように，衝突する光子の一部は非弾性散乱により分子との間でエネルギーの授受を行う．これをラマン散乱と呼ぶ．入射光と散乱光のエネルギー差，すなわち振動数差をラマンシフトと呼ぶ．ラマン散乱光は，入射光の振動数から正負に同じ振動数だけシフトした位置に対になって現れる．振動数が $\nu_0 - \nu$ の散乱光をストークスラマン散乱（Stokes Raman scattering）光，振動数が $\nu_0 + \nu$ の散乱光を反ストークスラマン散乱（anti-Stokes Raman scattering）光と呼ぶ．ストークスラマン散乱光は，入射光が分子振動をあるエネルギー準位間で $h\nu$ だけ高い準位に励起する場合の散乱光であり，対になる反ストークスラマン散乱光は，入射光が分子振動を同じエネルギー準位間で $h\nu$ だけ低い準位に脱励起する場合の散乱光である．ストークスラマン散乱光のほうが反ストークスラ

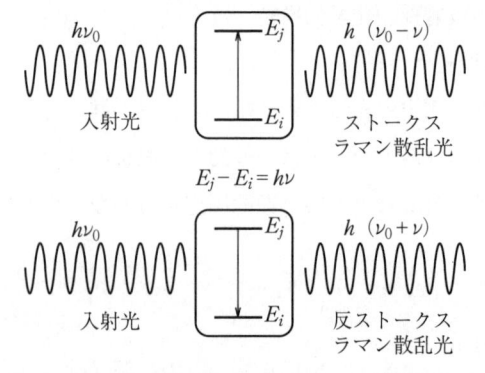

図 36.2 ラマン散乱光と分子のエネルギー準位の関係

マン散乱光より強いため，ラマンスペクトル測定では，多くの場合前者の結果のみを用いる。

【分析】

ラマンシフトは，分子の振動エネルギー準位によって決まるため，ある物質から得られるラマン散乱光は，固有のシフト量のところで強度が大きくなる。すなわち，物質から得られるラマンスペクトル（散乱光強度 vs ラマンシフト）は，その物質に固有のカーブとなる。そのため，ラマン分光を用いて物質を同定することができる。例えばグラファイト結晶の場合は，$1582\,cm^{-1}$ にシャープなピークが，ダイヤモンド結晶の場合は，$1332\,cm^{-1}$ にシャープなピークが得られることがわかっている。そのような知見をベースに，未知の物質のラマンスペクトルからその物質の化学的構造が同定される。

【構造の影響】

ラマンスペクトルは構造の微視的なサイズにも敏感である。例えば，V_2O_5 の孤立種，単分子層種，微結晶のラマンスペクトルは，それぞれ 1030，930，$996\,cm^{-1}$ にピークを持つため，これを利用してチタニア担持バナジウム触媒（V_2O_5/TiO_2）（チタニアに載っているバナジウム触媒）における V_2O_5 の分散状態を，ラマンスペクトルから評価できる。文献3)によれば，分散度が高い場合は，孤立種や単分子層種のピークのみ観測されるが，分散度が低下すると，これらのピークの間に微結晶のピークが観測される。

■ 試料の準備方法

試料の準備は特に必要ない。

■ データの見方，事例紹介

【ダイヤモンドライクカーボンの測定例】

・図 36.3 はダイヤモンドライクカーボン（diamond-like carbon：DLC）膜の測定例である。DLC膜は，このように $1350\,cm^{-1}$ 付近と $1600\,cm^{-1}$ 付近の二つのピークが重なったブロードなスペクトルとな

36. ラマン分光装置

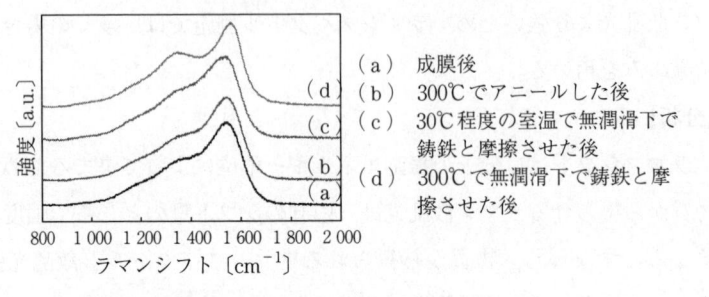

図36.3 プラズマCVD法によって成膜された水素を含むDLC膜のラマンスペクトル

(a) 成膜後
(b) 300℃でアニールした後
(c) 30℃程度の室温で無潤滑下で鋳鉄と摩擦させた後
(d) 300℃で無潤滑下で鋳鉄と摩擦させた後

る。前者はグラファイトの環状構造の乱れに起因して観測されるDピークであり，後者はグラファイトの結晶構造に起因して得られるGピークである。DLCのスペクトル解析は，ラマンスペクトルの結果の解釈・利用のよい事例であるので，それを以下に示す。

- A.C. Ferrariらは，DLC膜に含有されるsp3炭素（ダイヤモンドを構成する炭素）とsp2炭素（グラファイトを構成する炭素）の比（sp3/sp2）を他の手法によって同定しておき，sp3/sp2とラマンスペクトルから得られるDピークの強度とGピークの強度の比（ID/IG）が，相関することを提唱した。彼らによれば，sp3/sp2が0%から20%に増加する過程において，ID/IGが2.0から0.3まで増加し，Gピークの中心位置が$1600\,\mathrm{cm}^{-1}$から$1510\,\mathrm{cm}^{-1}$まで減少するとのことである。さらに，sp3/sp2が20%から85%に増加する過程において，ID/IGが0.3から0まで減少し，Gピークの中心位置が$1510\,\mathrm{cm}^{-1}$から$1570\,\mathrm{cm}^{-1}$まで増加するとのことである。多くの研究において，この解釈に基づいて，DLCの構造の解析が行われている。

- 図36.3の四つのスペクトルは，プラズマCVD法によって成膜された水素を含むDLC膜の，図（a）成膜後，図（b）300℃でアニールした後，図（c）30℃程度の室温で無潤滑下で鋳鉄と摩擦させた後，図（d）300℃で無潤滑下で鋳鉄と摩擦させた後，のラマンスペクトルである。(a)(b)(c)のスペクトルに変化がなく，(d)においてID/IG比が

増加し，Gピークの中心位置が増加したことから，Ferrariらの解釈に基づけば，(d)のDLC膜は，sp3/sp2が0から20%の間で減じたことになる。このことより高温での摩擦によってDLC膜がsp2炭素を多く含む構造に構造変化したと解釈できる。

■ **特徴，ノウハウ，オプション**
- 用いられるレーザ光源の波長領域は可視光領域である。
- 真空装置を必要とせず大気中で測定が行える。
- 顕微鏡を用いて測定する場合，1 μm程度の空間分解能が得られる。
- 測定試料のどの程度の深さからの情報が得られているのかに気をつけなければならない。例えばDLC膜を532 μmのレーザ光源で測定する場合には1 μm程度の深さまでの領域から散乱光が得られるとされている。これはDLC膜中で入射光や散乱光が減衰し，それ以上の深さからの散乱光強度が検出限界以下となるためである。これゆえ，例えばシリコンウェーハの上に100 nmのDLC膜をつけた試験片のラマンスペクトルを得ると，下地のシリコン由来のピークが観測される（幸いにしてそのピークはDLCの同定に重要な1 300～1 600 cm^{-1}のスペクトルとは重ならない）。また，1 μmやそれ以上の厚さのDLC膜を測定した場合に，その結果は決して10～100 nmの極表面だけの情報ではなく，あくまでも測定深度内の平均的な情報である。
- ある物質の薄膜を，100 nm，500 nm，2 umのように厚さを変化させてシリコンウェーハ上に用意し，どの厚さで下地のシリコン由来のピークが観察されなくなるかを調べれば，その物質と入射光波長の組合せにおける測定深度をおおまかに同定することができる。
- 気相の影響が無視できるほど小さいので，高圧の反応条件下での触媒のラマンスペクトルを計測することができる。
- ガラスまたは石英で容易にin-situセル（その場観察用のセル）を作成できる。

- 欠点として，①強いレーザ光により試料が加熱によるダメージを受ける可能性があること，②蛍光によりバックグラウンドが増加すること，③紫外レーザを用いると光化学効果が生じる可能性があること，などがあり，測定時に注意を要する。DLC膜では，ポリマー状の軟質な膜になると，②の要因によりDピークやGピークが確認できなくなることがある。

■ 参考文献

1) 日本分光学会 編：赤外・ラマン分光法（分光測定入門シリーズ6），講談社サイエンティフィク（2009）
2) G. T. Went, L-J. Leu, and A. T. Bell：J. Catal., **134**, p. 479-491（1992）
3) 田中康博，山下弘巳 編：固体表面キャラクタリゼーションの実際, pp.81-82, 講談社サイエンティフィク（2005）
4) 斎藤秀俊 監修：DLC膜ハンドブック，NTS（2006）
5) A. C. Ferrari and J. Robertson: PHYSICAL REVIEW B, **61**, 20, pp.14095-14107（2000）
6) D. Yoshimura, H. Kousaka, N. Umehara, Y. Mabuchi, and T. Higuchi: Proc. 3rd Asia International Conference on Tribology（ASIATRIB）p. 357-358（2006）

37. 電子後方散乱装置

(Electron Backscattered Diffraction：EBSD)

別称　結晶方位解析装置（Orientation Imaging Microscopy：OIM）

図37.1　電子後方散乱装置用検出器の外観

■ **用途**
- 電子線による結晶構造，結晶方位測定
- 真空中での分析

■ **得られるデータ**
- 結晶方位，結晶性などの面分布像
- 結晶粒界の傾角や特性，相分布
- 結晶粒径分布等各種データのグラフ表示
- 極点図・逆極点図
- 方位分布関数，方位差分散関数など統計データ

■ **分析できる試料**
- 金属，セラミックス，鉱物などの結晶性材料。
- 真空中で破壊，蒸発，分解等しない固体材料。真空中で水分やガスの放出がないもの。

37. 電子後方散乱装置

- 走査電子顕微鏡用の試料と同じ。
- 試料寸法は，電子後方散乱測定専用のステージに搭載できる大きさ。おおよそ数十 mm 角程度。
- 特に試料傾斜時に対物レンズに当たらない大きさに制限する必要がある。
- 試料にダメージを与えないので，同一の試料を繰り返し分析することができる。

■ 原理

【構造】

電子後方散乱（EBSD）装置は走査電子顕微鏡のオプションとして図 37.1 のような EBSD 用検出器を取り付けたものである。

【基本原理】

図 37.2 に EBSD 測定の原理を示す。SEM の試料室内で 70° 前後に傾斜させた試料表面の一点（測定点）に対して電子線を入射させる。このとき

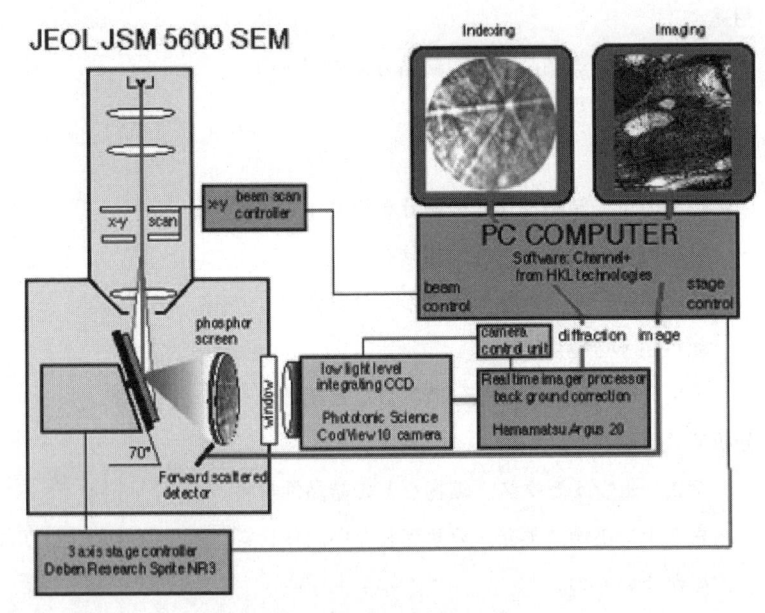

図 37.2 SEM-EBSD 装置の原理図

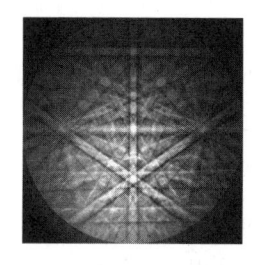

図 37.3 Si（001）の菊池パターンの例

試料のごく表面（深さ 30 〜 50 nm）から電子後方散乱回折により**図 37.3**のような反射電子回折模様（菊池パターン）が発生する。これを EBSD 用検出器で取り込む。得られた菊池パターンから Hough 変換によるバンドの検出，指数付けをコンピュータで行い，測定点の結晶方位（オイラー角）の決定する。SEM 視野で指定した範囲内で電子線を走査し，各測定点に対して上記の処理を連続的に行う。

【データ解析】

これにより得られる各測定点の座標とそこでの結晶方位をマッピングすることで，試料表面の結晶方位分布を得る。このシステムを結晶方位解析装置（orientation imaging microscopy：OIM）とも呼ぶ。さらには，得られた結晶方位分布をもとにデータ解析を行うことによって各種マップ像やチャート図，プロット図を得る。

■ **試料の準備方法**

① EBSD パターンの発生深さは，試料表面から数十 nm 程度のため，試料表面は滑らかで酸化層，ダメージ層，汚れなどがなく清浄となるように十分注意しなければならない。一般にはファインカットやワイヤカット放電加工機で適当な大きさに切り出す。10 〜 20 mm 程度かそれ以下の大きさにすれば十分である。

② 試料の切り出しなどによって生じた試料表面のひずみや加工層を取り除くために，SiC 研磨紙などで研磨する。

③ アルミナまたはダイヤモンドの研磨剤（粒径 0.3 〜 3 μm 程度）を用いてバフ研磨を行い，表面状態を鏡面状にする。この段階ではまだ試料

表面には 100 〜 500 nm 程度の研磨によるダメージ層が残っている。

④　さらにコロイダルシリカ研磨剤（粒径 0.05 μm 程度）を用いて仕上げ研磨を行う。電解研磨やケミカルエッチングで試料表面のダメージ層を取り除くことも仕上げ研磨の一方法である。

⑤　複数相を持つ試料や薄膜，断面等の観察には最終仕上げとして，収束イオンビーム（forcused ion beam：FIB）加工や Ar イオンミリリング法を用いて，仕上げ研磨で残った加工層を除去することも有効である。

■ データの見方，事例紹介

【Image Quality（IQ）像】

電子線を当てた測定点の結晶性の良さを表す IQ 値をマッピングした図である。図 37.4（a）に炭素鋼の例を示すが，結晶性の良い箇所は明るく，結晶粒界のような結晶性の低い箇所は暗く表示される。定性的に試料内の残留ひずみと関係があるので，試料の変形状態を評価できるが，試料表面に研磨傷，汚れや酸化層などがある場合にも IQ 値は低くなる。また結晶方位にも依存するのでその評価には注意が必要である（**口絵 9** 参照）。

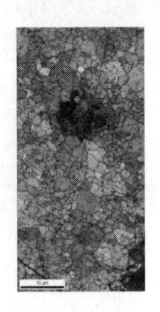

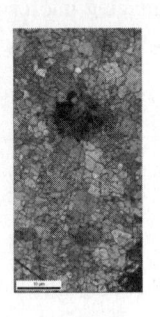

（a）　IQ 値分布　　（b）　結晶方位分布　　（c）　結晶粒界分布　　（d）　相分布＋IQ 値分布
　　　　　　　　　　　　　　111　　　　　　　── 小傾角粒界
　　　　　　　　　　　　　　　　　　　　　　　── 結晶粒界
　　　　　　　　　　　　001　　　101

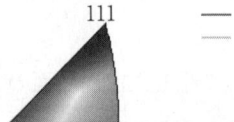

図 37.4　EBSD により得られる各種分布図

37. 電子後方散乱装置

【Inverse Pole Figure（IPF）像】

試料の法線方向，板面方向，圧延方向など特定の方向に対して平行な関係にある結晶面の方位の分布図である。図37.4（b）に例を示すが，図の下にある逆極点図の標準三角形の色を用い方位を表す。

【結晶粒界構造像】

EBSD測定で電子線を照射した各測定点間の結晶方位をもとに，大（小）傾角粒界などを色づけして表したものである。図（c）に例を示す。このほか，共通軸周りに特定の角度関係にある結晶粒界，対応粒界および双晶粒界なども示すこともできる。しかし粒界の傾角は電子線を走査する際のステップサイズに大きく依存することに注意する必要がある。

【相分布像】

EBSD測定で得られる菊池パターンから各測定点の結晶方位だけでなく結晶系の違いを判定し相分布像（例えば，鉄鋼材料におけるフェライト相とオーステナイト相の分布）を得ることができる。図（d）に例として二相ステンレス鋼におけるフェライト相（α相）とオーステナイト相（γ相）の分布を示す。また，同じ結晶系の場合でもEDSによる元素分析を併用することにより高度な相の同定も可能である。

【極点図・逆極点図・ODFなどのプロット図】

EBSD測定で得られた各測定点の結晶方位情報をもとに，試料表面の結晶方位の統計的な配向性を表す極点図（**図37.5（a）**）および 逆極点図（図（b））を作成できる。また，各結晶方位のオイラー角を直接プロッ

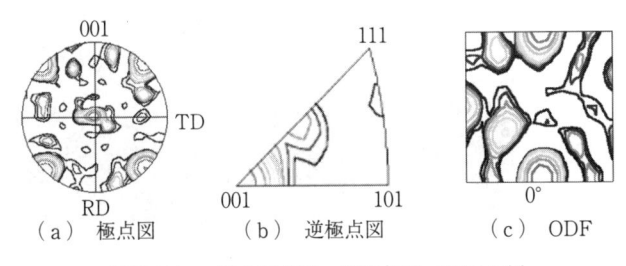

(a) 極点図　　(b) 逆極点図　　(c) ODF

図37.5　α相の極点図，逆極点図，ODFの例

トした ODF も作成することができ，試料内部の集合組織を評価できる．

■ **特徴，ノウハウ，オプション**

・ 図 37.6 に示すように SEM の電子銃と FIB カラムを同一試料室に取り付けた Dual-Beam-SEM 装置を用いて，EBSD 測定と FIB 加工を交互に繰り返して行うことにより，試料表面のみならず試料内部の結晶方位

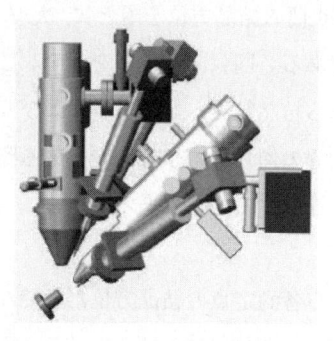

図 37.6 SEM-EBSD-FIB 装置（例）

図 37.7 Dual-Beam EBSD 装置で得られる三次元的結晶構造（例）

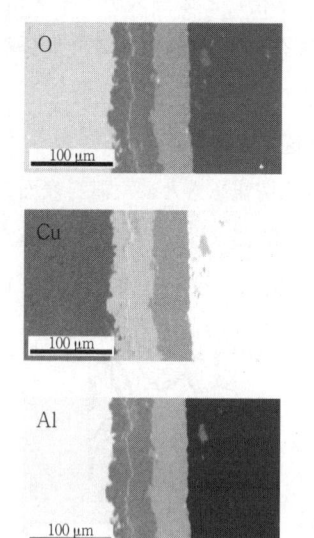

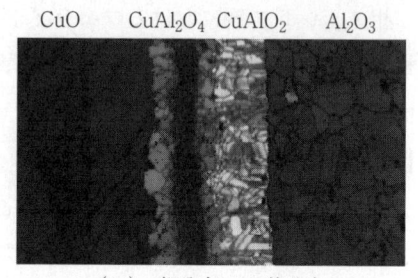

（b）相分布＋IQ 値分布

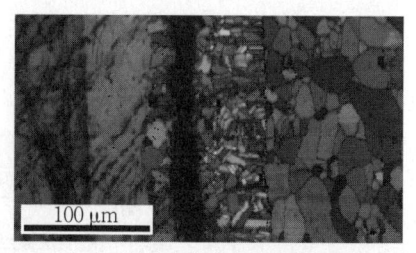

（a）元素分布図　　　　（c）結晶方位分布＋IQ 値分布

図 37.8 EBSD と EDS 同時測定による多層材の測定例

分布まで測定できる。各断面での結晶方位分布図を画像処理することで，図37.7のような三次元的な結晶構造や方位分布を分析することができる。

・ SEMの試料室にEDSを取り付けることで，図37.8に示すようにEBSDとEDSを同時に測定することにより，化学組成情報および結晶系情報に基づいた試料の相判定を行い，各相の結晶方位測定をより正確に行うことができる（**口絵10**参照）。

■ **参考文献**

1）B.L. Adamus, S.I. Wright and K. Kunze: Metall. Trans. A, 24A, 819 (1993)
2）L.N.Brewer, D.P.Field, and C.C.Merriman: Electron Backscatter Diffraction in Material Science 2nd Edition, Springer, **18**, p.251 (2009)
3）鈴木清一：顕微鏡, **39**, 2, p.121 (2004)
4）鈴木清一：顕微鏡, **39**, 3, p.180 (2004)

38. X線光電子分光分析装置

(X-ray Photoelectron Spectroscopy：XPS)

別称　(Electron Spectroscopy of Chemical Analysis：ESCA)

図 38.1　X線光電子分光分析装置の外観

■ **用途**
- X線による試料の極表面の元素分析とその化学結合状態の分析
- 高真空中での分析

■ **得られるデータ**
- 試料極表面（数 nm まで）の各元素の結合エネルギーごとの電子数
- 結合エネルギーの波形分離機能による各結合の定量分析
- マッピング機能を有する機種では各元素の二次元分布状態
- アルゴンエッチングとの併用による深さ方向の元素分析

■ **分析できる材料**
- 真空中で破壊，蒸発，分解等しない固体材料。真空中で水分やガスの放出がないもの。
- H と He は分析できない。
- 試料寸法は，ESCA 測定専用のステージに搭載できる大きさ。おおよ

そ数十 mm 角程度。
- 同一の試料を繰り返し分析することができる。

■ 原理

【分析の原理】

図 38.2 に示すように，真空下で物質表面に X 線を照射すると，表面にある元素から電子が軌道を飛び出し光電子が発生する。この光電子は，入力された X 線のエネルギーから各軌道の結合エネルギーを引いた残りの運動エネルギーを持つ特徴がある。そのため，一定のエネルギーの X 線を照射し，表面から放出された光電子の運動エネルギーとその電子数を測定すると，表面にある元素の各軌道のエネルギーを測定できる。ここで各元素の各軌道エネルギーは計算により既知であるため，それと比較することにより定性的に表面元素の種類の分析が可能となる。また炭素感度を 1 とした場合の各元素の感度比率補正（Scofield 補正）から各ピークの面積比により元素の定量的比較も可能である。

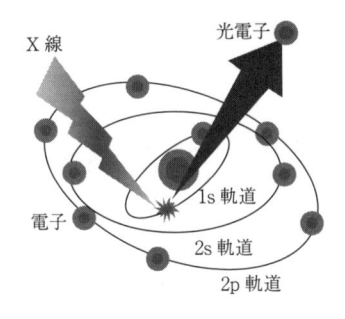

図 38.2 光電子放出概念図

【X 線発生装置】

一般に X 線はマグネシウムやアルミニウムの熱励起による MgKα 線（1 253.6 eV）か AlKα 線（1 264.6 eV）を用いる。機種によってはモノクロメータを解してエネルギー分布を狭め，分解能をあげているものもある。

【分析器】

発生する光電子は CMA（円筒鏡型電子エネルギー分析器）もしくは半

球形アナライザで各エネルギーに分解され，その数を光電子増倍管で増幅して検出する。

【ケミカルシフト】

ここで，各元素の各軌道のエネルギーは他元素との化学結合等によりエネルギー値が変化する。この変化をケミカルシフトと呼ぶ。このケミカルシフトは結合する元素成分によって異なり，それぞれの元素がある化合状態となったときの結合エネルギーがハンドブック等で一覧化されている。例えば，C-1s軌道は炭素（C-C）の場合は284.6 eVのエネルギーを持つが，酸素と結合したC-Oの場合の結合エネルギーは約286 eV，O-C=Oの場合は約289 eVの結合エネルギーを持つ（図38.3）。これらのピーク面積を，例えばGauss関数で近似し，分離することにより表面組成物を定量推定することができる。

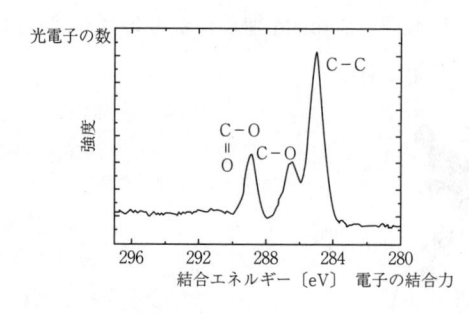

図38.3 ケミカルシフト例

【深さ方向の分析】

さらに市販装置にはアルゴンイオンボンバードメント等のエッチング装置を装備している場合が多く，一定時間（一定厚さ）エッチングすることで深さ方向に同様の評価をすることができる。

■ 試料の準備方法

① 試料台の中に入る寸法に試験片を切断する（粉末の場合は錠剤成型等の処理が必要）。

② その試験片をアセトン等で洗浄する（表面有機物が対象の場合は洗浄のし過ぎに注意）

③ 表面の汚れが多い場合は，付属のイオンスパッタリングで除去する必要があるが，最表層を壊さない程度に除去すること。

■ 操作，データの見方，事例紹介
【塑性加工における新生面出現率の測定】

塑性加工は被加工材体積を変えずに，その形状を変化させる加工方法であり，表面積が変化することが特徴である。この加工に伴って発生する新生面は吸着性が強く加工工具（金型）との焼き付を発生させやすい。しごき型摩擦試験機を用いて変形率20％でアルミニウム合金（A5052-O材）を各種りん系極圧添加剤を用いて加工した際のAl-2p軌道のXPSスペクトルを図38.4に示す。ここでアルミニウム合金表面は加工前は酸化アルミニウムの状態であり，しごき加工により金属アルミニウムが出現する。Al-2p軌道において，酸化アルミニウムは74.7 eVの結合エネルギーを持ち，金属アルミニウムは72.65 eVの結合エネルギーを持つため，これらのスペクトル波形をGauss関数で近似し分離定量計算を行い，金属アルミニウムの出現割合を求めた。図38.5に，しごき型摩擦試験で測定された摩擦係数と金属アルミニウムの出現割合との関係を示す。変形率が20％と同一であるにもかかわらず，使用する極圧添加剤の種類によって金属アルミニウムの出現割合が変化し，かつ出現率が増加するほど摩擦係数

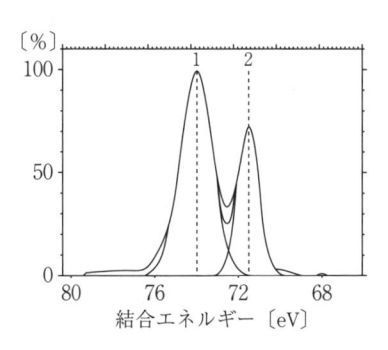

図38.4 アルミニウム合金を各種りん系極圧添加剤を用いて加工した際のAl-2p軌道のXPSスペクトル

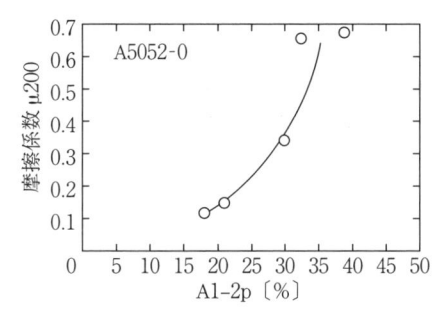

図38.5 摩擦係数と金属アルミニウムの出現割合との関係

も増加していることがXPSの定量分析からわかる。

【加工後表面での極圧添加剤の作用機構解析】

図38.6に加工中に，焼きついた場合（図（a））と焼きつかなかった場合（図（b））のP-2pスペクトルの例を示す。加工用潤滑剤にはリン酸トリエステルを極圧添加剤として加えてある。図（a）には，もともとのリン酸トリエステルのほかにリン酸化金属（ピーク3），リン酸金属トリエステル（ピーク1）が混在している。それに対して図（b）はリン酸トリエステルそのままの結合が維持されている。この点から，リン酸トリエステルは加工中に化学変化を起こした成分により低摩擦を発現するのではなく，成分そのものが物理吸着した状況で摩擦を低減していることが考察できる。

（a）焼きついた場合　　（b）焼きつかなかった場合

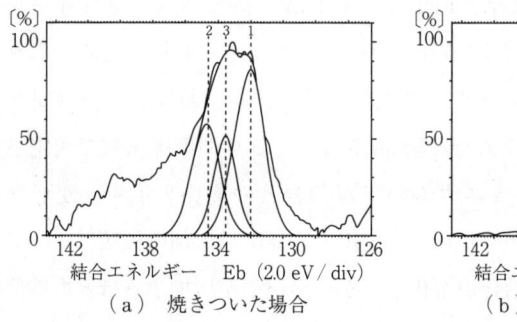

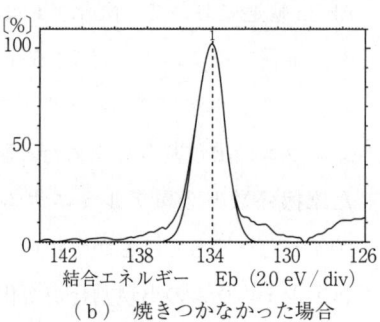

図38.6 P-2pスペクトルと焼きつき状況の関係の例

■ 特徴，ノウハウ，オプション

- 表面層数オングストローム程度の最表層の分析が可能。
- 長時間（複数回）スパッタリングを行うとまれに軽元素が多く飛ばされる選択スパッタリングを生じるため，深さ方向の分析対象に重元素と軽元素が混在する場合は，結果判断に選択スパッタの可能性も念頭に置く。
- チャージアップ防止装置付が一般的であるが過信は禁物。C-1s結合でのチャージアップ補正を測定ごとで行うほうが無難。

- 定量分析の場合，波形分離に熟練を要する。3d軌道，4f軌道などスピン解裂を伴う軌道の分離にはスピン割合を一定に保つよう心がける。
- 異種元素間の定量分析には，各ピークのベースラインの引き方に注意。ベースラインの引き方により比率は異なりやすい。
- 表面凹凸が激しい場合，X線源の方向に注意。X線源から影となる部分から光電子が放出されず定量誤差の原因となる。

■ 参考文献

1) 日本電子株式会社ホームページ　http://www.jeol.co.jp/science/xps/xps1.html

39. 超音波探傷装置

(Ultrasonic Test Equipment)

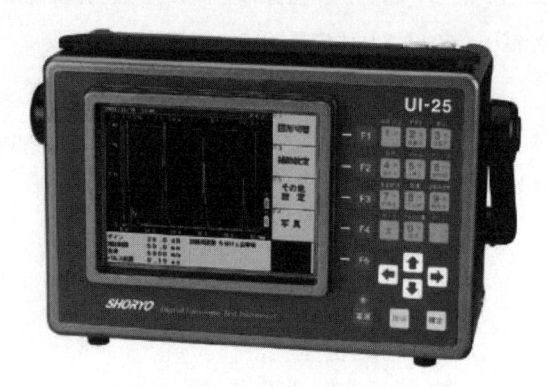

図 39.1 超音波探傷器の外観

■ **用途**
- 超音波による材料内部のきずの非破壊的な検出

■ **得られるデータ**
- 材料内部を伝播した超音波の受信波形
- 材料内部のきずに関する情報

■ **分析できる試料**
- 金属，セラミックス，プラスチックなどのほとんどの固体材料。ただし，粘性や散乱による超音波の減衰が大きいものは，きずが検出しにくくなる。
- 試験体の寸法は，数十 mm 以上だが，超音波を伝播させる距離（探触子からきずまでの距離）は，数十 mm ～数百 mm の範囲が普通である。なお，超音波の伝播距離が大きくなると減衰も大きくなるので，きずが検出しにくくなる。
- 検出できるきずは，接着・接合不良，割れ（き裂），剥離，空孔，介

在物などである。また，底面からの反射エコーを検出すれば，試験体の厚さを測定することもできる。
・ 検出可能なきずの最小寸法は，おおむね超音波の波長に応じて変化する。固体材料を伝播する超音波の速度は数千 m/s であるから，例えば周波数が数 MHz であれば検出可能な最小寸法の目安は数 mm である。
・ 同一の試料を繰り返し分析することができる。

■ 原理

【基本的な原理】

　材料表面から超音波を入射すると，材料内部を伝播する過程で反射，屈折，散乱，減衰を生じ，特にきずが存在すればその影響を受ける。よって，材料内部を伝播した超音波を材料表面で受信すれば，受信波形から材料内部のきずの有無，位置，形状，寸法などの情報が得られる。さらに，超音波を送受信する位置や方向を走査して複数の受信波形を得れば，これに基づいて材料内部の可視化画像が作成できる。

【装置構成】

　通常の超音波探傷装置は，（1）電気パルスを発生する"パルサ"，（2）電気パルスを超音波パルスに変換して試験体に入射させる"送信探触子"，（3）試験体内部を伝播した超音波を受信して電気信号に変換する"受信探触子"，（4）受信電気信号を増幅する"レシーバ"，（5）受信波形を表示する"モニタ"，（6）受信波形を記録する"メモリ"などで構成される。通常はパルサ，レシーバ，モニタおよびメモリは一体化されており，これを超音波探傷器と呼ぶ。また，探触子は用途に応じて交換できるようになっており，送信用と受信用が別である場合と，1個で送信と受信を兼ねる場合がある。

【具体的な測定法】

　例えば，図 39.2 に示すように超音波の反射を利用すれば，反射波の受信時刻の差から試験体内部の「きずの有無」と「表面からのきずの距離」が判断できる。また，試験体表面で探触子を走査すれば，「きずの寸法」

39. 超音波探傷装置

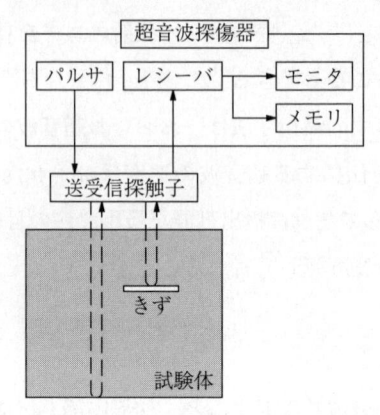

図39.2 超音波探傷の原理（反射を利用する場合）

や「きずの形状」が判断できる。さらに，探触子を走査して得られる複数の受信波形を用いれば，試験体内部のきずを画像化して表示することもできる。

【種々の探傷法】

きずを正確に測定するためには，試験体の種類や大きさ，また対象とするきずの種類や位置に応じて，適切な探傷方法を選択することが重要である。最も一般的な探傷法は垂直探傷法と斜角探傷法で，それぞれ試験体に垂直，斜めに超音波を入射し，反射エコーの伝播時間をもとにきずまでの距離を計測する（図39.3）。これ以外にも，用途に応じて種々の探傷法が

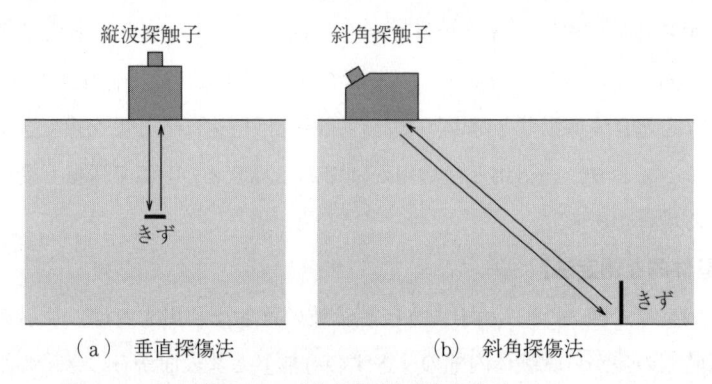

（a）垂直探傷法　　　（b）斜角探傷法

図39.3 垂直探傷法と斜角探傷法

ある。

■ **試料の準備方法**

試料の準備は特にない。ただし表面状態が悪い場合（錆，汚損等）には必要に応じて手入れを行う。

■ **データの見方，事例紹介**

【反射エコーの例】

図 39.4 に，垂直探傷を行って反射エコーを観察したときの，超音波探傷器のモニタ画面の例を示す。横軸はきずまでの距離，縦軸はエコーの強度を示している。図では 15 mm，30 mm，45 mm の位置にそれぞれ反射エコーが観察されるが，これらは探触子ときずの間を超音波がそれぞれ 1 回，2 回，3 回往復反射していることを示す。この例では，きずまでの距離は 15 mm である。

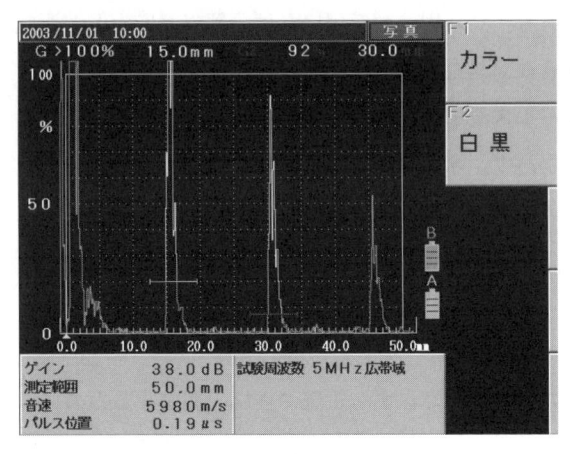

図 39.4　探傷画面の例

【超音波探触子の違いによる影響】

試験体内に入射される超音波の波形は，使用する超音波探触子の中心周波数や周波数帯域によって異なる。図 39.5 は超音波の波形の一例であり，4.4 MHz を中心周波数とする 3 サイクル程度のパルス波になっている。試験体が金属材料である場合，最も広く用いられるのは 2 MHz と 5 MHz の

39. 超音波探傷装置

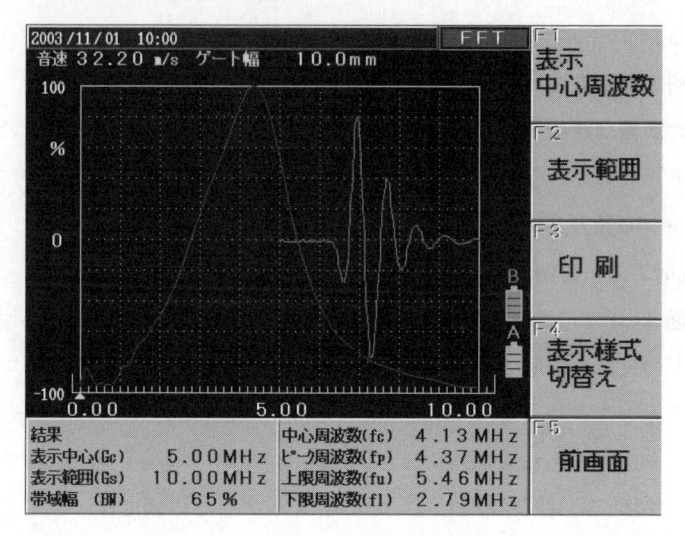

図 39.5 超音波パルスの波形と周波数成分

探触子である。高い周波数を用いれば分解能が向上し，測定精度の向上が期待できるが，結晶粒による散乱や粘性による減衰が大きくなる。また，広帯域のパルス波を用いれば分解能は向上する。

■ **特徴，ノウハウ，オプション**

・ 試験体と探触子の間には，超音波を効率良く入射させるために接触媒質を塗布する必要がある。水やマシン油，グリセリンペースト等が用いられ，防錆を考慮しなくても良い場合にはグリセリンペーストが使いやすい。

・ 超音波探傷装置できずを正確に検出・測定するためには，探傷方法や試験体の材質，対象とするきずに応じて適切な超音波探触子を選定することが重要である。垂直探傷では，垂直探傷用の縦波探触子を用いるのが一般的である。一方，斜角探傷では，目的の屈折角で横波を入射する斜角探触子が用いられる。

・ 超音波探傷器は，従来はアナログ回路で構成されたアナログ探傷器が広く用いられていたが，近年はデジタル回路で構成されたデジタル探傷

器が主流である。デジタル探傷器は，自動でエコー高さを計測したり，波形や設定を記録する機能を有する。

■ **参考文献**

1) 日本非破壊検査協会 編：超音波探傷試験Ⅰ，日本非破壊検査協会（1999）

2) 日本非破壊検査協会 編：超音波探傷試験Ⅱ，日本非破壊検査協会（2000）

3) 日本非破壊検査協会 編：超音波探傷試験Ⅲ，日本非破壊検査協会（2001）

機械屋のための
分析装置ガイドブック
Guidebook of Analyzers for Mechanical Engineer

Ⓒ 一般社団法人 日本塑性加工学会 2012

2012年8月27日 初版第1刷発行

検印省略	編　者	一般社団法人 日本塑性加工学会 東京都港区芝大門 1-3-11 Y・S・Kビル 4F
	発行者	株式会社　コロナ社 代表者　牛来真也
	印刷所	萩原印刷株式会社

112-0011　東京都文京区千石 4-46-10
発行所　株式会社　コロナ社
CORONA PUBLISHING CO., LTD.
Tokyo Japan
振替 00140-8-14844・電話(03)3941-3131(代)
ホームページ http://www.coronasha.co.jp

ISBN 978-4-339-04626-7　　(吉原)　(製本：牧製本印刷)
Printed in Japan

本書のコピー，スキャン，デジタル化等の無断複製・転載は著作権法上での例外を除き禁じられております。購入者以外の第三者による本書の電子データ化及び電子書籍化は，いかなる場合も認めておりません。

落丁・乱丁本はお取替えいたします

分 析 で き る

	装 置 名 (別称)	略 称	金属	無機材料	有機材料	生体	粉(
表面を観察する	1. 走査型電子顕微鏡	SEM	◎	◎	◎	△	△
	2. 環境制御型電子顕微鏡	ESEM	◎	◎	◎	◎	
	4. 集束イオンビーム装置 (走査型イオン顕微鏡)	FIB SIM	◎	◎	◎	△	△
	7. 光学顕微鏡（落射型），金属顕微鏡		◎	◎	◎	◎	◯
表面形状を測定する	5. 原子間力顕微鏡	AFM	◎	◎	◎	◎	
	6. 走査型トンネル顕微鏡	STM	◎	◎	◯		
	11. 共焦点レーザ顕微鏡	LSM	◎	◎	◎	◎	△
	12. 超高精度三次元測定機		◎	◎			
	13. 走査型白色干渉計	SWLI	◎	◎	◎		
	14. 位相シフト干渉計	PSI	◎	◎	◎		
試料内部を観察する	3. 透過型電子顕微鏡	TEM	◯	◯	◯	◯	
	7. 光学顕微鏡（透過型），生物顕微鏡			◯	◯	◎	
	8. 蛍光顕微鏡			◯	◯	◎	
	9. 位相差顕微鏡			◯	◯	◎	
	10. 微分干渉顕微鏡	DIC		◯	◯	◎	
	4. 集束イオンビーム装置 (走査型イオン顕微鏡)	FIB SIM	◎	◯			
	33. X線透過試験装置	XRT	◎	◎	◎	◎	
	39. 超音波探傷装置		◎	◎			
物性を調べる	15. 示差熱天秤	TG/DTA	◯	◯	◯		◯
	16. 熱機械分析装置	TMA	◯	◯	◯		
	17. ガウスメータ		◎	◎	◎		
	18. 超伝導量子干渉素子磁束計	SQUID	◎	◎	◎	◎	◯
	19. 動的粘弾性測定装置				◎		
	20. 自動複屈折測定装置			◎	◎		
	21. 分光エリプソメータ		◎	◎	◎		
	22. X線・中性子線反射率計		◎	◎	◎		
元素分析する	23. 飛行時間型二次イオン質量分析装置	TOF-SIMS	◎	◎	◎		
	24. 誘導結合プラズマ発光分光分析装置	ICP-OES ICP-AES	△	△	△	△	△
	25. 有機元素分析装置	CHN Corder			◎	◎	◎
	26. 蛍光X線分析装置	XRF	◎	◎	◎	◎	◎
	27. 電子線マイクロアナライザ〈SEM付属設備〉	EPMA, XMA	◎	◯			
	28. オージェ電子分光装置〈SEM付属設備〉	AES	◎	◯			
	29. グロー放電発光分光分析装置	GDOES	◎	◎			
	30. 四重極質量分析計			△	△	△	
	31. ガスクロマトグラフ	GC					
	32. フーリエ変換型赤外分光分析装置	FT-IR		◎	◎		
原子・分子構造を調べる	34. X線回折装置	XRD	◎	◎	◎		
	35. 核磁気共鳴装置	NMR			◎	◎	◯
	36. ラマン分光装置		◎	◎	◎		
	37. 電子後方散乱装置〈SEM付属設備〉(結晶方位解析装置)	EBSD OIM	◎	◯			
	38. X線光電子分光分析装置	XPS, ESCA	◎	◯	◯		

† 非破壊：観察・分析により試料に特段のダメージを与えず，同じ試料・場所を繰り返し分析することができる方法．
破壊：観察・分析により試料にダメージや変化が生じ，同じ試料・場所を繰り返し分析することが困難な方法．